# 성도
## 星圖

사계절 별자리, 성운, 성단, 은하를
모두 담은 우리 밤하늘 지도

조상호

# 성도
## 星圖

사계절 별자리, 성운, 성단, 은하를
모두 담은 우리 밤하늘 지도

사이언스 북스
SCIENCE BOOKS

| | | 9 | 아름다운 밤하늘 |

7 밤하늘 여행을 시작하다

10 밤하늘 여행자를 위한
　　밤하늘 안내서

10 밤하늘로 처음 여행을 떠나는
　　여러분을 위해
11 밤하늘 지도
12 밤하늘 안내서

14 밤하늘의 구성

14 천구와 적도 좌표계
14 적위
15 적경
16 성도의 배치
17 별의 밝기
17 별자리
18 별자리 그림과 배치

19 밤하늘의 여행지

19 별
19 딥스카이
20 성운
20 성단
21 은하
22 메시에 목록
23 NGC 목록과 IC 목록

24 사계절 아름다운 밤하늘

24 봄
28 여름
32 가을
36 겨울

41 밤하늘 사진 성도

42 사진 성도 매뉴얼
48 사진 성도

182 아름다운 밤하늘을 담다

189 부록

190 영역별 성운, 성단, 은하 데이터
201 멋진 관측 대상 NGC 100선
203 찾아보기

## 밤하늘 여행을 시작하다

해가 지고 어둠이 몰려오면 하늘은 남빛으로 물들어 간다. 어두워져 가는 하늘을 배경으로 반가운 손님들이 찾아온다. 하얀 빛의 점이 여기저기에서 하나둘씩 나타나면 하늘에는 새로운 세상이 펼쳐진다.

시간이 흐름에 따라 하늘은 더욱 까맣게 변하고 빛의 점도 점점 늘어난다. 어느 새 이 빛들은 예쁜 별로 모습을 바꾸며 다가온다. 밝은 별과 어두운 별이 서로 어우러져 어둠을 밝히는 빛줄기를 우리에게 보낸다. 하얀 빛과 푸른 빛과 노란 빛으로 수놓인 빛의 그림이 그려진다. 마침내 별들이 하늘을 가득 메우며 별자리가 눈앞에 나타난다. 별들의 세계가 시작된 것이다.

날씨가 제법 쌀쌀하다. 서둘러 장비를 풀어 놓는다. 사방이 산으로 둘러싸인 고요한 풀밭에 천체망원경의 부속품들이 하나둘 모습을 드러낸다. 망원경의 다리가 설치되고, 몸체가 붙으면서 점차 망원경이 모습을 갖추어 나간다. 경통이 얹히면 준비는 끝난다. 이제 별을 맞이할 때가 되었다.

마지막으로 짐 꾸러미 속에서 사진 성도를 꺼낸다. 이미 어둠이 내려 앉아 책을 읽기는 힘들다. 서둘러 소형 랜턴을 비추면서 책장을 넘긴다. 책장 가득 별들의 화려한 모습이 펼쳐진다. 이리저리 책장을 넘기는 손이 바쁘다. 마침내 어느 한 면에 시선이 고정되고 까만 눈동자가 반짝인다.

고개를 끄덕이며 하늘을 올려다본다. 랜턴의 밝은 빛에 익숙해진 눈에는 처음에는 까만 하늘 외에 아무것도 보이지 않는다.

하나.
둘.
셋!

내심 셋을 세는 순간, 어둠에 익숙해지면서 눈앞에 별들의 세계가 찬란히 펼쳐진다. 쏟아지는 별들. 방금 책에서 보았던 광경이 눈앞에 펼쳐져 있다. 지금 이 순간이 바로 별이 쏟아지는 시간이다. 별은 하늘에 있고, 책 속에 있고, 내 눈동자 속에 있고, 그리고 마음속에 있다.

요즘은 도심의 불빛이 너무도 휘황찬란하여 밤하늘의 별을 보기 어렵다. 꺼질 줄 모르는 거리의 가로등과 네온사인이 도시의 하늘을 뒤덮고 있는 탓에 그 너머로 별들의 세계가 펼쳐져 있음을 잊곤 하는 것이다. 바쁜 일상도 한몫을 한다. 하루에 한 번이라도 하늘을 쳐다보는 사람이 매우 드문 것이 요즘 시대이다. 그래도 개중엔 가끔 밤하늘을 쳐다보며 하늘에 별빛이 있음을 느끼며 살아가는 사람들이 있다. 야밤에 집 뜰이나 아파트 옥상에서, 혹은 깊은 산 속에서 홀로 별을 바라보며, 별과 대화를 나누기도 한다. 다른 사람들의 눈에는 구분이 되지 않는, 그 별이 그 별일 뿐지만 그들의 눈에는 하나하나가 다 다르다. 우리는 이런 사람들을 아마추어 천문가라고 부른다.

별을 보는 일은 누구나 할 수 있지만 누구나 하고 있는 것은 아니다. 더구나 별에 의미를 부여하는 사람은 더더욱 적다. 하지만 누구나 새로운 눈으로 별을 보기 시작하는 순간 그러한 단계로 나아갈 수 있다. 밤하늘을 쳐다보고 별들을 관찰하는 과정을 반복하다 보면, 누구나 별에 의미를 부여하고 별을 그려 나가는 아마추어 천문가가 될 수 있다.

별을 보고자 하는 사람을 위해, 또 별을 이미 보고 있는 사람들을 위해 이 책을 만들었다. 밤하늘에 있는 별과 이 책에 있는 별과 눈동자에 있는 별과 마음에 있는 별이 모두가 같음을 느껴 보기 바란다.

# 아름다운 밤하늘

밤하늘 여행자를 위한 밤하늘 안내서

밤하늘의 구성

밤하늘의 여행지

사계절 아름다운 밤하늘

# 밤하늘 여행자를 위한 밤하늘 안내서

서울에 사는 사람이 태백산으로 여행을 떠난다고 하자. 목적지가 정해졌다고 해서 무턱대고 길을 떠날 수는 없다. 태백산이 어디쯤에 위치해 있는지, 태백산으로 가려면 어떤 길로 가야 하는지를 먼저 알아야만 하는 것이다.

게다가 태백산으로 가는 길은 많기 때문에 그중에서 돌아가지 않고, 막히지 않는 길을 찾아 가야 한다. 삼박사일을 길에서 보낼 수는 없는 노릇 아닌가. 이미 한 번 가 본 적이 있다면 길 찾기는 좀 수월할 것이다. 그러나 초행길이라면 어떻게 해야 할까?

## 밤하늘로 처음 여행을 떠나는 여러분을 위해

목적지를 찾아가는 가장 기본적인 방법은 지도를 펼쳐 보는 것이다. 지도에는 목적지의 위치, 목적지로 가는 길이 표시되어 있다. 또 목적지 부근에 있는 지표가 될 만한 장소들도 표시되어 있다. 지도는 이러한 모든 정보를 제공해 준다.

밤하늘에는 수많은 별들이 있다. 이 별들은 언뜻 보기에 모두 똑같아 보여서 웬만큼 익숙하지 않고는 구분조차 할 수 없다. 특히나 처음 밤하늘을 올려다보는 사람들에게는 고만고만하게 반짝이는 그냥 이름 모를 별들인 것이다. 이런 사람들을 위한 안내서로 가장 쉽게 볼 수 있는 것이 바로 별자리를 설명한 책이다. 별자리는 밝은 별 10여 개를 서로 연결하여 그와 유사한 인물이나, 기구, 동물 등으로 형상화해 놓은 것으로 예부터 여행자나 항해자들에게 길잡이 노릇을 톡톡히 해 왔다. 별자리를 찾는 방법에 대해 꽤 상세히 알려 주는 별자리 책을 참고하면서 인내심을 가지고 밤하늘의 별을 하나하나 찾아 나가면 오래지 않아 북두칠성이나 오리온자리, 우리에게 익숙한 탄생 별자리들인 양자리, 게자리, 처녀자리, 그리고 은하수를 가로지르는 백조자리와 카시오페이아자리 같은 수많은 별자리들을 눈에 익히게 될 것이다.

하지만 밤하늘에는 88개의 별자리(우리나라에서 볼 수 있는 별자리는 50여 개) 외에도 엄청나게 많은 별들이 있다. 수많은 별 중에서 친숙한 100여 개를 제외한 나머지 별들은 어떡할 것인가? 더구나 하늘에는 별과 다른 대상인 성운, 성단 같은 특이한 천체들도 지천으로 널려 있다. 말하자면, 별자리 책은 한 면에 우리나라 전체를 그려 넣어서 한눈에 모든 도시와 산과 강을 볼 수 있도록 한 전도와 같은 것이다. 이런 전도에는 세부적인 것들이 대부분 생략되어 있어서 고속도로는 표시되어 있지만 지방의 작은 국도까지는 나와 있지 않다는 단점이 있다.

자, 별자리 뼈대에 그려진 밝은 별들뿐만 아니라, 좀 더 많은 별을 접하고 싶다면, 또 좀 더 구석구석까지 밤하늘을 여행하고 싶다면 새로운 도구가 필요하다. 이미 오래전부터 과학자들은 이런 문제를 해결하기 위해 밤하늘의 수많은 별들을 담은 지도를 그려 왔다. 이런 지도를 우리는 성도(星圖)라고 부른다. 근대 과학이 발전하기 전에는 눈에 잘 띄는 별자리를 주로 그려 넣었지만, 망원경이 발명되고서부터는 맨눈으로는 보이지 않던 보다 많은 별을 수록한 지도들이 나오기 시작했다. 요즘에는 최소한 맨눈에 보이는 별 전부를 표시한 것 이상을 성도라고 부른다. 만일 여러분이 밤하늘에 대해 좀 더 많은 것을 알고 싶다면, 좀 더 자세히 표시된 성도를 구비하는 것이 필수적이다. 지도가 있어야 모르는 장소를 찾아갈 수 있듯이, 성도가 있어야 밤하늘의 특정 별을 찾아갈 수 있다. 성도가 없다면 우리는 밤하늘의 수많은 별들 속에서 길을 잃고 헤매게 될 것이다.

## 밤하늘 지도

성도에는 여러 종류가 있다. 대부분의 성도는 주요 별을 중심으로 일정한 밝기의 별까지 그려 넣은 그림 성도이다. 별들은 검은색의 원으로 표시되며 별이 밝을수록 원의 크기가 커진다. 때로는 성운, 성단 같은 특정 대상들을 그려 넣기도 한다. 야외에서 펼쳐 놓고 직접 대조하며 별들을 관측할 수 있어서 밤하늘의 좋은 길잡이가 되어 주지만 아쉽게도 국내에서 이런 성도를 찾기는 힘들다. 별자리를 파악하는 수준 이상으로 세세하게 별들을 보려는 사람들의 숫자가 그리 많지 않아 보편화되지 못한 탓이다.

최근에는 컴퓨터를 이용한 성도가 유행이다. 소프트웨어 성도는 컴퓨터 화면에 특정 지역, 특정 시간에 관측자가 볼 수 있는 밤하늘을 보여 준다. 초기에는 별자리를 표현해 주는 수준에 머물렀지만 요즘에는 매우 상세히 보여 주는 프로그램들이 많이 출시되었다. 그런 이유로 초보자들뿐만 아니라 베테랑들에게도 필수품이 되어 가고 있다. 컴퓨터 성도의 가장 큰 단점은 야외에서 보기 어렵다는 것이다. 노트북 이용이 보편화되어 그나마 불편이 덜해지긴 했지만 그렇다 해도 여전히 많은 문제점을 안고 있다. 더구나 야외에서 하룻밤 내내 별을 보기라도 하는 날에는 전원 문제로 골치를 썩기 일쑤다. 날씨가 춥다면 이 문제는 더욱 심각해진다. 일부만을 프린트해서 사용하기도 하지만 그 또한 하늘이 제한되어 효용성이 떨어진다.

그림 성도건 소프트웨어 성도건 밤하늘을 구석구석 탐색할 수 있을 만큼 자세히 표현된 것을 국내에서 찾기란 어려운 일이다. 게다가 밤하늘의 실제 모습을 사진으로 보여 주는 책은 더더욱 없다. 이처럼 밤하늘 정보의 부재는 밤하늘을 사랑하고 밤하늘을 관찰하고 싶은 많은 사람들에게 제약이 되어 왔다.

나 또한 많은 불편함과 시행착오를 겪어야 했다. 나는 이 문제를 해결하고 싶었다. 보다 많은 사람들이 밤하늘을 접할 수 있도록 실질적인 도움을 주고 싶었다. 더구나 외국의 것이 아니라 우리나라에서 볼 수 있는 실제 우리의 밤하늘을 보여 주고 싶었다. 그래서 우리의 밤하늘을 사진에 담고 성도로 엮기로 했다.

이 책은 사진 성도집이다. 사진 성도란 말 그대로 밤하늘을 찍은 사진으로 지도를 만든 것이다. 사진 성도가 일반 그림 성도에 비해 가지는 가장 큰 장점이라면 밤하늘을 원래 모습 그대로 보여 준다는 점이다. 그림으로 그려진 성도는 아무리 정확하게 별의 위치를 그려 넣는다 해도 다소간 오차가 생길 수밖에 없다. 반면, 사진 성도에서는 별의 위치가 정확하다. 별의 밝기도 실제 모습 그대로이며, 별의 색상도 거의 비슷하게 표현된다. 여기에다 별 이외의 다른 대상들의 모습도 보이는 그대로 표현된다. 밤하늘의 실제 모습을 그대로 지면에 옮겨 놓은 것이 바로 사진 성도이다.

그러나 사진 성도에도 단점은 있다. 너무 많은 별이 표현되기 때문에 어느 것이 어느 별인지 알아보기 어렵다는 것이다. 대부분의 사진 성도는 맨눈으로 볼 수 있는 것보다 월등히 많은 수의 별을 보여 준다. 만일 은하수 영역이라면 온통 별투성이여서 일일이 다 헤아릴 수 없을 정도이다. 별이 많다는 것은 어두운 별을 찾을 때에는 도움이 되지만, 반대로 밝은 별을 찾을 때에는 오히려 혼동을 가져오기 쉽다. 이러한 사진 성도의 장단점을 미리 이해한다면 성도의 활용을 보다 효과적으로 할 수 있을 것이다. 물론, 이 책에서는 이러한 단점을 극복하고자 여러 가지 장치를 마련해 놓았다.

## 밤하늘 안내서

그럼, 이 책은 어떻게 사용하면 좋을까?

첫째, 이 책에서 여러분은 아름다운 밤하늘을 감상할 수 있다. 야외로 나가서 하늘을 처다보는 수고를 굳이 하지 않고도 눈에 익은 북두칠성뿐만 아니라, 거문고자리, 카시오페이아자리 같은 별자리를 찾으며 사계절 우리나라의 밤하늘을 구경할 수 있다. 무엇보다 좋은 점은 밤하늘에서 보는 그대로를 볼 수 있다는 것이다. 인터넷에서 접할 수 있는 사진들은 천체망원경으로 일부분만을 확대하거나, 때로는 눈으로 단번에 볼 수 있는 영역보다 더 광대한 영역을 보여 주기 때문에 실제로 보이는 것과 많은 차이가 있다. 반면 이 책의 사진들은 영역의 넓이가 눈으로 보는 넓이와 비슷하여 매우 어두운 야외에서 하늘을 처다보는 느낌을 그대로 전해 주고 있다. 그러므로 이 책은 야외에 나가 별을 볼 여유가 없는 사람들에게 실내에서 별을 접하는 즐거움을 전해 줄 것이다.

둘째, 이 책은 별과 별자리를 안내한다. 이 책을 들고 야외에 나가 밤하늘을 처다보라. 전 하늘을 보여 주는 성도 영역 그림을 참고하여 보고 싶은 별이나 별자리가 그려진 면을 편다. 하늘에서 보이는 그대로가 바로 이 책에서도 펼쳐질 것이다. 밤하늘에 있는 별은 어느 별이 어느 별인지 알기 어렵지만 이 책에 있는 별들은 별자리 그림이 함께 그려져 있어서 쉽게 구별이 가능하다. 이 책에 그려진 별자리 그림을 참고하여 하늘의 별들을 한 번 이어 보자. 손쉽게 별자리를 익히게 될 것이다.

셋째, 이 책은 쌍안경 관측에서 성운, 성단, 은하의 길잡이 역할을 해 준다. 밤하늘에서 볼 수 있는 것은 별자리만이 아니다. 밤하늘에 빠져 들수록 별자리 외에 다른 것들도 차츰 눈에 보이게 된다. 바로 밤하늘 곳곳에서 보석처럼 빛나는 성운, 성단, 은하들이다. 손에 들고 하늘을 처다볼 수 있는 간단한 도구인 쌍안경을 사용하여 밤하늘을 수시로 여행하는 관측자들에게 이 책은 그야말로 최상의 도구가 될 수 있다.

이 책의 사진들이 보여 주는 광경은 쌍안경을 통해 보는 것과 매우 닮아 있다. 그러므로 야외 관측을 나가기 전에 오늘 밤 무엇을 볼 것인지 계획을 세우는 데 큰 도움을 준다. 오늘 밤하늘에 떠오를 별자리를 고른 다음 그 별자리가 위치한 영역의 사진을 살펴보자. 볼 만한 대상들이 눈에 들어올 것이다. 그 대상들로 관측 계획을 세운다. 계획을 세우는 것, 그것만으로도 즐겁다.

밤이 되어 쌍안경을 들고 해당 영역 하늘을 탐색한다. 이 책의 사진들은 대상들이 있는 곳을 찾는 데 도움을 줄 뿐만 아니라 그 대상들이 어떻게 보이는지에 대한 정보도 알려 준다. 쌍안경에서 낯선 대상을 만났을 때 그것이 무엇인지 바로 이 책이 알려 줄 것이다. 수시로 책에 나온 모습과 실제 하늘에서 보이는 모습을 비교하면서 관측의 즐거움을 보다 증가시킬 수 있다.

넷째, 이 책은 망원경 관측의 길잡이 역할을 해 준다. 천체망원경을 갖고 있는 사람이라면 대부분 성도 하나쯤은 갖고 있겠지만 그럼에도 불구하고 이 책은 큰 도움을 줄 수 있다. 어두운 별을 찾아가야 하는 상황이 발생했을 때 이 책은 다른 성도보다 쉽게 그 길을 알려 준다.

천체망원경으로 성운, 성단, 은하를 관측할 때에도 당연히 직접적인 도움을 준다. 이 책에는 일반 아마추어들이 소구경 망원경으로 접근할 수 있는 대부분의 성운, 성단, 은하들이 나타나 있다. 그러므로 소구경 망원경을 통해 접근 가능한 천체 대부분에 대해 정보를 얻을 수 있을 것이다. 많은 경우 목적한 대상이 어떤 모습으로 보일지 전혀 모르는 상태에서 그 대상을 향해 망원경을 겨누게 되지만 이 책을 사용하면 적어도 어느 정도의 크기로, 또 어느 정도의 밝기로 보일지 미리 아는 상태에서 관측에 임할 수 있다. 이것은 관측에 실패할 확률을 줄여 준다.

또 다른 상황도 발생할 수 있다. 천체망원경으로 밤하늘을 관측하다가 소행성 같은 특이 천체를 만났다고 하자. 이때 그 별이 보통 별인지, 아니면 다른 특이 천체인지 사진과 비교함으로써 확인할 수 있다. 사진에 나타난 별보다 더 어두운 별에 대해서는 확인이 어렵겠지만 사진 성도에 나타난 별의 밝기 이내에서는 비교 자료로서 큰 역할을 해 준다.

다섯째, 이 책은 별자리 사진 촬영에 도움을 준다. 밤하늘은 넓다. 밤하늘의 별자리 사진을 찍어 본 사람이라면 하늘의 어디를 찍어야 할지 고민해 본 경험이 있을 것이다. 밤하늘을 향해 카메라를 겨누어 보았지만 별달리 특이한 것을 찍지 못한 경험도 있을 것이다. 밤하늘 모든 곳이 사진을 찍기에 적절한 것은 아니다. 화려한 영역이 있는 반면, 수수한 영역도 있다. 미리 이 책을 활용하여 자신이 찍고 싶은 영역을 선정한 다음 사진 촬영에 임하면 원하는 사진을 보다 쉽게 얻을 수 있을 것이다.

또, 별자리 사진을 촬영하다 보면 사진의 구도도 큰 문제가 된다. 지상의 물건을 찍는 것과 달리 밤하늘의 경우는 구역 구분이 명확하지 않고 또 어두워서 화각을 잡기도 힘들다. 찍고 보니 사진 바로 바깥에 필요한 부분이 빠져 있는 등의 경우가 자주 발생한다. 이 책은 그런 경우를 미연에 방지하게 해 준다.

이상에서 이 책의 쓰임새를 나열했지만, 책 속에는 그 이상의 것들이 들어 있다. 그동안 밤하늘을 여행하면서 수많은 대상을 관측하고, 또 촬영해 왔던 경험을 되새기면서 꼭 필요하다고 싶은 내용들을 넣었다. 각 대상들에 대한 목록이라든가, 수많은 성운, 성단 대상들 중에서 볼 만한 것들을 뽑아 놓은 것도 바로 그러한 이유에서다. 가급적이면 이 책 한 권으로 모든 것이 해결될 수 있도록 하였다.

이 책은 초보자에서 베테랑에 이르기까지 활용하기에 따라 그 효용성이 다르게 평가되는 책이다. 쓰기에 따라 점점 더 많은 것을 이 책에서 끄집어낼 수 있을 것이라고 생각한다.

# 밤하늘의 구성

일반 지도를 볼 때에도 기본적인 것은 미리 알아 두어야 한다. 예를 들면, 산맥은 노랗게 표시되고, 강은 푸르게 표시되며, 동그라미 두 개는 도시고, 노란색 길은 국도라는 것 말이다. 여기에다 지도를 펼쳐 놓고 봤을 때 위가 북쪽이며, 북쪽에서부터 서쪽(때로는 동쪽) 순서로 나온다는 사실도 알 필요가 있다. 또 서울보다 부산이 남쪽에 있다든가, 강릉은 동쪽에 있다든가 하는 기본 지식을 알고 있으면 훨씬 도움이 된다.

밤하늘 지도인 성도도 사실상 구성은 동일하다. 문제는 대부분의 사람들은 밤하늘에 익숙하지 않다는 것이다. 하지만 너무 걱정할 필요는 없다. 성도의 구성과 약속된 표기법 등을 차근차근 익히다 보면 금세 익숙해질 것이다.

## 천구와 적도 좌표계

먼저 하늘을 둘러보자. 하늘은 무한히 펼쳐진 둥근 반구처럼 보일 것이다. 그리고 관찰자인 나는 구의 중심에 서서 구의 안쪽 면을 보고 있는 것처럼 느껴질 것이다. 이런 둥근 하늘을 천구(天球)라 부른다. 천구란 지구를 둘러싸고 있는 무한히 큰 가상의 구 형태의 하늘을 말한다. 태양과 달, 별들은 이 천구의 안쪽 면에 붙박여 있는 것처럼 보인다. 그럼, 천구에 나타나 있는 별들은 그 위치를 어떻게 표시할까?

먼저 지구 표면에 있는 장소를 나타내는 방법을 생각해 보자. 지구 표면에 있는 모든 장소는 위도와 경도를 사용해서 표시할 수 있다. 예를 들어, 서울의 위치는 북위 37.5도, 동경 127도이다. 만일 지구 표면을 하늘까지 수직으로 연장한다면 지구 표면의 특정 장소와 하늘의 특정 장소를 대응시킬 수 있을 것이다. 이렇게 정한 천구의 좌표를 적도 좌표계라 한다. 밤하늘의 지도는 이러한 적도 좌표계를 기준으로 구성되어 있다.

## 적위

서울의 좌표를 북위 +37도라 하자. 이 의미는 지구의 적도에서 북쪽으로 37도만큼 떨어져 있다는 뜻이다. 이 각도는 지구 중심에서 본 각도이다. 하늘도 동일하게 좌표를 설정한다. 지구 중심에서 보았을 때 천의 적도를 기준으로 북쪽으로 37도 떨어져 있으면 적위 +37도라고 한다. 남쪽으로 30도 떨어져 있으면 지구에서는 남위 -30도라 하지만 하늘에서는 적위 -30도라 한다. 지구에서는 북위 +90도부터 적도인 0도까지, 적도인 0도부터 남위 -90도까지 있지만, 하늘의 눈금에서는 적위 +90도에서 0도까지, 0도에서 적위 -90도까지 있다. 용어만 조금 다를 뿐 지구 표면을 나타내는 것과 같은 방식임을 알 수 있다.

지구 표면에서 적도에 대해 같은 각도만큼 떨어져 있는 곳을 연결한 선을 위도선이라 한다. 위도선은 적도에 평행하다. 마찬가지로 하늘에서도 동일한 선을 그릴 수 있다. 우리는 이 선을 적위선이라 한다.

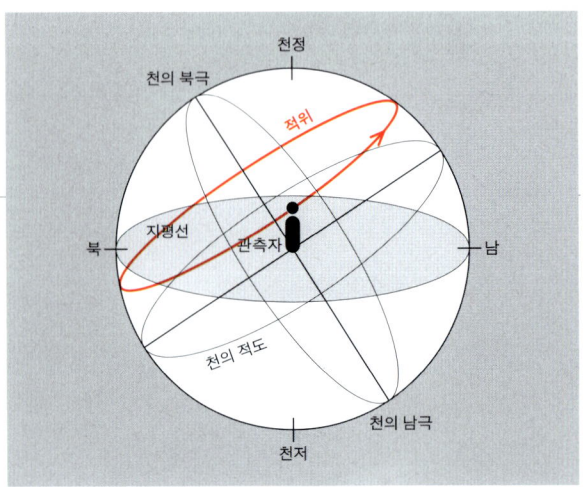

## 적경

이번에는 서울의 위치 좌표 중 하나인 동경 127도를 생각해 보자. 경도는 지구의 북극점과 남극점을 잇는 선이다. 이 원은 적도에 수직이다. 하늘에서도 동일한 선을 그릴 수 있다. 천의 북극과 천의 남극을 연결하고 천의 적도에 수직인 선, 이 선을 적경선이라 부른다.

지구 표면에서는 영국 런던 그리니치 천문대를 지나는 경노선을 기준으로 하여 동쪽으로 각도를 매긴다. 서울은 런던에서 동쪽으로 127도 떨어져 있으므로 동경 127도이다. 런던에서 서쪽으로 30도 떨어져 있으면 서경 30도라고 한다. 지구 표면은 런던을 기준으로 0도에서 동경 180도까지, 또 반대쪽으로 0도에서 서경 180도까지 표시된다. 동경 180도와 서경 180도는 동일한 선이며 이 선은 태평양 중간쯤에 있다.

이 선을 하늘로 연장해 보자. 문제는 하늘이 하루에 한 바퀴씩 돈다는 사실이다. 물론 실제로는 지구가 돌고 있지만, 우리 눈에는 하늘이 도는 것처럼 보인다. 런던에서 바라본 하늘 정중앙을 가로지르는 자오선을 동일하게 0도로 지정할 수 있다. 하지만 하늘이 계속 돌고 있으므로 하늘에서의 이곳 또한 계속 변화하여 0도로 고정할 수가 없다. 이 시점에서 여러분은 하늘의 기준점을 달리 성해야 한다는 사실을 깨달을 수 있을 것이다. 이 점이 어디일까? 바로 춘분점이다. 춘분점은 천의 적도와 태양이 지나가는 길인 황도가 만나는 점이다. 현재 이 점은 물고기자리에 위치해 있다.

춘분점을 0도로 정하고 춘분점에서 떨어진 각도만큼 위치를 표시할 수 있다. 단 지구 표면에는 동경과 서경이 있지만 하늘에서는 오직 동쪽으로 떨어진 각도만을 표시하여 춘분점에서 동쪽으로 30도 떨어져 있으면 적경 30도라고 표시한다. 즉 지구에서는 동경 180도~0도, 0도~서경 180도로 되어 있지만 하늘에서는 적경 0도~360도로 정해져 있는 것이다.

하늘은 하루에 한 바퀴 돈다. 하루는 24시간이고, 한 바퀴는 360도이므로 1시간은 15도와 같다. 우리가 보는 하늘은 1시간이 지나면 15도만큼 서쪽으로 지나간다. 오늘 밤 9시에 적경 30도인 하늘 지점이 하늘 중간에 떠 있었다면, 밤 10시에는 적경 45도 위치가 하늘 중간에 떠 있다. 반면 적경 30도 위치는 서쪽으로 15도(=1시간)만큼 옮겨 가 있다. 눈치 빠른 사람들은 적경을 나타내는 각도인 도와 시간을 나타내는 시가 일치한다는 사실을 알 수 있을 것이다. 앞에서 적위를 도로 나타낸다고 했다. 적위와의 혼동을 막기 위해, 또 좀 더 편리하게 사용하기 위해 적경은 도로 표시하지 않고 시로 표시한다. 즉 적경은 적경 0시, 또는 적경 1시, 이런 식으로 표시된다.

이제 하늘에서의 위치를 표시하는 방법을 알았다. 지구 위의 지점이 위도와 경도로 표시되는 것처럼, 하늘의 지점은 적위와 적경으로 표시된다. 그럼 하늘에서 가장 밝은 별인 시리우스의 위치는 어떻게 될까? 대개 적경을 앞에 두므로 시리우스의 위치는 적경 6h 45m 08.9s(6시 45분 08.9초), 적위 –16° 42' 58"(–16도 42분 58초)이다. 이 위치는 지구가 자전한다고 해서 바뀌지 않는다.

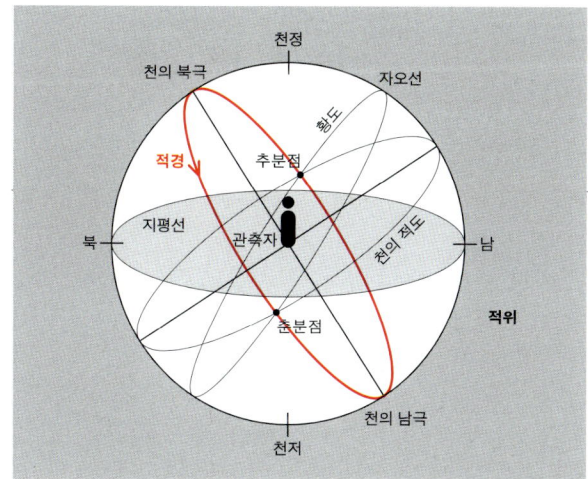

## 성도의 배치

이 책은 우리나라에서 볼 수 있는 밤하늘인 천의 북극에서 적위 −40도 사이에 있는 모든 별을 담은 사진 지도이다. 각각의 지도는 별들만이 나타난 원본과 각 별들을 보다 알아보기 쉽도록 선으로 잇고 여러 성운, 성단, 은하들을 표시한 표시본이 나란히 배치되어 있다. 밤하늘 지도인 만큼 앞에서 말한 적도 좌표계를 따르고 있으며, 밤하늘을 적경선과 적위선에 따라 잘라서 재배치를 하였다. 천의 북극 부분은 별도로 두 장으로 분리하였지만 다른 부분은 적경에 따라 배치하였다. 동일 적경일 경우 북쪽을 우선으로 두었다.

실제로 야외에 나가 이 책과 비교해 보며 밤하늘을 찾아가려면 어떤 식으로 해야 할까? 춘분점이 있는 적경 0h는 가을철 별자리인 페가수스자리의 한쪽 변을 통과한다. 그러므로 페가수스자리에서 동쪽으로 가면서 적경이 증가한다. 페가수스자리 바로 동쪽에는 안드로메다자리가 있고 그 북쪽에는 카시오페이아자리가 있다. 또 남쪽에는 물고기자리와 고래자리가 있다. 이 별자리들은 동일 적경선상에서 남북으로 배치되어 있다. 동일 적경선상에서는 북쪽이 우선이기 때문에 성도에서는 앞에 카시오페이아자리, 그 다음으로 안드로메다자리, 물고기자리, 고래자리의 순서로 배치된다. 물고기자리의 동쪽에 위치한 양자리는 바로 그 다음 적경에서 나올 것이다. 처음에는 혼동이 되고 다소 어렵게 느껴질 수도 있지만 일반 지도상에서 이 페이지 다음에 어떤 지역이 나올 것인지 대략 예상할 수 있는 것처럼 밤하늘 성도에서도 마찬가지로 예측이 가능해진다.

이 사진 성도는 전 하늘을 66구역으로 나누었다. 이중에서 1, 2번은 천의 북극 부근이다. 즉 북극성 부근이라고 생각하면 된다. 천의 북극을 제외하고 적경이 가장 빠르면서 가장 북쪽에 있는 카시오페이아자리가 3번에 있다. 동일 적경선상을 3, 4, 5, 6번이 자리한다. 그 다음 적경선상에 위치한 영역이 7, 8, 9, 10번으로 되어 있다. 이렇게 66번까지 배치된다. 만일 8번 성도에서 북쪽에 있는 대상으로 옮겨 가고 싶다면 7번이 될 것이다. 남쪽이라면 9번이다. 서쪽이라면? 4번이다. 동쪽이라면? 12번이다. 각 성도 그림에서도 상하좌우로 옮겨 가는 성도 번호가 표시되어 있으므로 편리하게 이용할 수 있을 것이다. 이 내용은 사진 성도 매뉴얼(42쪽)을 참고하면 된다.

적경 0h 선이 가을밤을 통과하기 때문에 아쉽게도 가을 하늘은 두 군데로 나뉘어져 있다. 개략적으로 보자면 3h에서 9h 사이가 겨울밤이며, 9h에서 15h 사이가 봄밤이다. 15h에서 21h 사이가 여름밤이다. 21h에서 0h까지, 또 0h에서 3h 사이가 가을밤이다. 그래서 가을밤은 성도의 앞쪽과 맨 뒤쪽에 나뉘어져 나온다.

## 별의 밝기

이 책은 사진 성도기 때문에 밝은 별에서 다소 어두운 별까지 모두 다 나와 있다고 보면 된다. 별들의 밝기는 등급으로 표시된다. 별이 가지고 있는 실제 밝기를 절대등급, 눈에 보이는 밝기를 안시등급이라 하는데, 우리에게는 눈에 보이는 밝기인 안시등급이 중요하다.

안시등급은 기원전 2세기경 그리스의 천문학자인 히파르코스에 의해 확립되었다. 그는 눈에 보이는 가장 밝은 별을 1등급(또는 1등성)으로 하고 가장 어둡게 보이는 별을 6등급으로 표시했다. 오늘날에는 천체망원경의 발달로 6등급보다 더 어두운 별도 있다는 사실을 알게 되었고 또 볼 수 있게 되었다. 뿐만 아니라 1등급의 별들 사이에서도 밝기 차가 있다는 사실을 알게 되었다. 별의 밝기를 정밀하게 측정해 본 결과 1등성과 6등성 사이의 밝기는 약 100배 차이가 난다는 사실이 밝혀졌다. 이 사실로부터 각 등급 사이의 밝기 차이를 계산해 보면 약 2.5배가 된다. 즉 1등성은 2등성보다 약 2.5배 더 밝다. 또, 6등성보다 2.5배 어두운 별은 7등성이다.

이 사진 성도에서는 약 11.5등급까지의 별이 표시되어 있다. 성도상에서 거의 보일 듯 말 듯한 별이 11등성이라고 보면 된다. 밝은 별일수록 더 밝게, 또 면적이 크게 나타나 있다. 이것은 필름이 빛을 축적하기 때문에 나타나는 현상이다. 밝은 별일수록 크게 나타나므로 확인하기가 쉽다. 이 사진 성도에서 나타난 별의 크기로 대략적인 별의 밝기를 추측할 수 있을 것이다.

또한 이 사진 성도에 나타난 별들은 조금씩 그 색상을 달리하고 있다. 뚜렷하지는 않지만 그렇다 하더라도 실제 눈으로 보는 것보다는 구별하기 쉽다. 특히 푸른색, 흰색, 노란색 별은 색상이 명확히 구분될 것이다. 이 책에 나타난 밝은 별의 색상을 보면서 실제 하늘에서 그 별을 찾아보자. 평소에는 같은 색으로 느껴졌던 별들이 모두 다른 색조를 띠고 있음에 놀라게 될 것이다.

## 별자리

별자리는 천구상에 있는 별들의 위치를 기억하기 편리하도록 만든 것이다. 별무리에 이름을 붙이는 것은 아득히 먼 옛날부터 시작되었다. 이집트와 바빌로니아 사람들에 의해 만들어진 별자리가 그리스로마 인들에게 전래되었고 이 별자리에 신화나 전설 속의 영웅, 동물 등의 이름이 붙여지기 시작했다. 기원전 2세기 무렵, 히파르코스는 하늘에 좌표를 만들고, 850개에 해당하는 별을 그려 성도를 만들었다.

히파르코스의 성도는 2세기 중반 알렉산드리아의 프톨레마이오스에 의해 다시 집대성되었다.

프톨레마이오스는 전래되어 오던 별자리들을 정식으로 다시 분류하여 황도 12궁을 포함한 48개의 별자리를 제정했다. 이 별자리가 오늘날 별자리의 토대가 되고 있다.

18세기에 들어오면서 망원경으로 보다 어두운 별을 관측할 수 있게 되고 남반구로 여행을 하면서 지금까지 보지 못했던 남쪽 하늘을 보게 되었다. 이것은 곧 새로운 별자리를 만드는 열기로 이어졌다. 많은 사람들이 제각각 별자리를 만들면서 혼란스러워지자 국제 천문 연맹에서 1930년에 88개의 별자리를 확정하였다. 이것이 바로 오늘날의 별자리이다.

## 별자리 그림과 배치

이 사진 성도에는 우리나라에서 볼 수 있는 모든 별자리가 표시되어 있다. 그러나 안타깝게도 한 면에 하나의 별자리 전체가 수록되어 있지는 않다. 별자리별로 크기가 달라서 모든 별자리를 하나의 면에 통일시켜 배치할 수 없었기 때문이다.

만일 한 면에 하나의 별자리 전체를 담으려 한다면 성도의 축척이 달라져야 한다. 이런 형태는 별자리를 보기에는 편할지 모르나 실제 관측에서 문제를 불러일으킨다. 책에 나온 크기와 하늘에서 보는 실제 크기가 제각각이 되어 버리기 때문이다. 이 성도는 모든 하늘 영역이 동일한 축척으로 나타나 있다. 즉 성도에서 별과 별 사이 거리가 같다면 실제 하늘에서도 그 거리가 같다. 만일 별자리의 전체 모습을 알고자 한다면 사진 성도 매뉴얼(42쪽)에 그려진 별자리 선을 참고하면 될 것이다.

이 성도는 동일한 그림이 양쪽 면에 배치되어 있다. 이것은 독자들의 편의를 위한 것이다. 만일 선이 그려지고 각각의 별에 이름이 붙여진 성도면이 없다면 단순한 사진만으로는 어느 것이 어느 별인지 알기 어려울 것이다. 반면 선과 이름이 그려진 성도면만 있다면 그 선과 이름이 일부 별을 가리게 되는 문제가 발생할 수도 있다. 그래서 두 면을 나란히 배치하여 필요에 따라 손쉽게 이용할 수 있도록 하였다.

독자들은 먼저 선이 그려진 면을 통해 관측하고자 하는 별과 대상을 확인할 수 있을 것이다. 그런 후 선이 없는 면에서 보다 상세히 주변 별과의 연관성을 파악하며 실제 하늘과 비교할 수 있을 것이다.

# 밤하늘의 여행지

밤하늘은 끝이 없을 만큼 넓고 깊다. 관측할 수 있는 대상도 무수히 많아서 평생 동안 하늘을 본다 해도 다 볼 수 없을 정도이다.

밤하늘에 무엇무엇이 있는지, 그들을 만나기 위해선 언제 어느 곳을 올려다보아야 할지 미리 안다면, 시행착오를 줄일 수 있을 뿐만 아니라 보다 재미나게 밤하늘을 여행할 수 있을 것이다. 그럼, 이 사진 성도에 나와 있는 대상들을 통해 밤하늘의 목적지들을 차근차근 짚어 보자.

## 별

이 성도에는 우리 눈에 보이는 모든 별을 포함하여 쌍안경이나 소형 천체망원경으로 보이는 별들까지 나타나 있다. 천체 관측에서 별 하나하나를 직접 찾아보는 경우는 그리 흔치 않으며 보통은 별자리나 이중성, 변광성 관측을 통해 각각의 별들을 만나게 된다. 밝은 별들은 별자리의 일부를 이루고 있기 때문에 비교적 친숙한 편이다. 별자리를 이루는 별들은 이 사진 성도에서 선으로 연결되어 있다.

아마추어 천문가들에게 별 그 자체는 그리 중요한 관측 대상이 아니다. 그러나 북극성이라든가, 시리우스 같은 유명한 별들은 밤하늘의 기준점이 되므로 그 별들이 어떠한 모습으로 보이는지 살펴보는 것도 때로는 흥미로울 것이다.

## 딥스카이

밤하늘에는 별이나 행성뿐만 아니라 우주 저편 어두운 공간에 숨어 있는 보석 같은 천체들이 무수히 많다. 이러한 대상들이 바로 딥스카이(Deep Sky)이다. 우리말로 굳이 번역하자면 '먼 하늘 천체' 정도가 되겠지만 일반적으로는 딥스카이라는 영어 단어를 그대로 사용한다. 딥스카이는 태양계를 벗어난 천체 중에서 별과 행성을 제외한 모든 것을 가리키는데 때로는 이중성이나 변광성을 포함시키기도 한다.

대부분의 딥스카이 대상들은 매우 어둡기 때문에 맨눈으로는 관측이 어렵고 반드시 망원경이나 쌍안경을 사용해야 한다. 이미 우리는 화려한 딥스카이 대상들을 사진이나 인터넷을 통해 무수히 접해 왔다. 울긋불긋하게 빛나는 화려한 우주의 모습이 바로 딥스카이인 것이다. 처음 망원경으로 딥스카이를 관측하게 되면 흑백으로 흐릿하게 빛나는 초라한 모습에 실망을 할 수도 있다. 그러나 사실 이러한 딥스카이야말로 천체 관측의 꽃이다. 밤하늘 구석구석에 숨어 있는 딥스카이를 찾아다니는 즐거움은 다른 무엇과도 바꿀 수 없다.

## 성운

딥스카이의 대표적인 것이 바로 성운이다. 성운이란 성간 가스들의 집합체로 망원경으로 관측했을 때 뿌연 구름처럼 보인다. 성운에는 발광성운, 반사성운, 행성상성운, 암흑성운 등이 있다.

발광성운은 성간 물질들이 주위에 있는 고온의 별로부터 에너지를 흡수하여 흥분 상태로 있다가 다시 에너지를 방출하면서 빛을 내는 성운이다. 주로 붉은색 계열의 빛을 낸다. 반사성운은 단순히 주위의 별빛을 산란시키는 것으로 주로 푸른색 계열의 빛을 낸다. 행성상성운은 둥근 원반 형태로 생겨 행성과 비슷하게 보이기 때문에 그러한 이름이 붙었다. 대부분 별 진화의 마지막 단계로 외곽 껍질의 수소 층이 폭발하면서 생겨난다. 주로 녹색으로 보이는 경우가 많다. 암흑성운은 특히 성간 물질의 밀도가 높아 뒤편의 별빛을 차단하여 그 주위가 검게 보이는 성운을 말한다. 암흑성운 내부에서는 새로운 별이 탄생할 것이라고 믿어지고 있다.

성운은 하늘 어디에서나 볼 수 있지만 대부분 은하수를 따라 분포하고 있다. 눈으로 보기에는 뿌옇지만 사진에서는 대단히 화려하게 나타난다. 이 책의 곳곳에 보이는, 붉고 푸른 작은 천체들은 성운인 경우가 많다. 다만 주의할 점은 사람의 눈은 필름처럼 빛을 축적하지 못해 어두운 대상을 잘 보지 못한다는 것이다. 또한 필름은 받아들일 수 있는 적외선을 사람의 눈은 보지 못하기 때문에 성운의 붉은색을 직접 보기는 어렵다.

## 성단

성단 또한 딥스카이의 한 종류로 훌륭한 관측 대상이다. 성단이란 별들이 무리 지어 있는 것이다. 성단에는 산개성단과 구상성단이 있다. 산개성단은 수십 또는 수백 개의 별들이 비교적 허술하게 모여 있는 별들의 집단이다. 주로 태어난 지 오래되지 않은 젊은 별로 이루어져 있으며 별들의 색상은 푸른색을 띠는 경우가 많다. 산개성단은 대부분이 은하수를 따라 분포한다.

구상성단은 수십만 또는 수백만의 별들이 공 모양으로 밀집되어 있는 것이다. 비교적 오래된 별들이 많아 산개성단과 비교하여 노란색을 띤다. 밤하늘 곳곳 어디서나 볼 수 있지만 여름철 남쪽 은하수 주변에 가장 많이 분포한다.

성단은 성운이나 은하에 비해 비교적 잘 보이기 때문에 초보자들도 쉽게 접근할 수 있다. 쌍안경으로 관측이 가능한 성단은 무수히 많으며, 맨눈으로 볼 수 있는 대형 성단도 있다. 천체망원경으로 성단을 겨누어 보면 화면 가득 빽빽이 모여 화려한 빛을 내뿜는 별들의 집단을 만날 수 있다. 살아 있는 별빛! 그 자체이다.

이 책에는 유명한 성단이 대부분 나타나 있다. 사진에서 별이 뭉쳐진 듯 보이는 하얀 둥근 점들이 바로 성단이다. 이 책의 사진에서 뚜렷하게 나타나는 성단들은 쌍안경에서도 잘 보인다.

## 은하

성운, 성단과 함께 딥스카이의 한 축을 이루는 천체가 바로 은하이다. 은하는 수백, 수천억 개의 별이 모인 것으로, 성단과는 비교할 수 없을 만큼 크다. 우리 태양도 1000억 개의 별이 모인 우리은하에 속해 있다. 사실, 밤하늘에서 눈으로 볼 수 있는 모든 별은 우리은하에 속해 있다. 여름 밤하늘을 멋지게 가로지르는 뿌연 은하수도 사실은 우리은하의 나선팔이다.

과거에 은하는 성운과 동일한 것으로 생각되었다. 그러나 매우 멀리 있다는 사실이 알려지면서 성운과는 다른 천체로 밝혀졌다. 은하는 모양에 따라 나선은하, 타원은하, 불규칙은하로 나뉜다.

나선은하는 은하 중심에서 밖으로 나선형의 팔이 휘감겨 나오는 듯한 모습을 하고 있다. 타원은하는 달걀 모양으로 중심부에서 외부로 가며 점차 흐려지는 모습을 한 은하이다. 불규칙은하는 이 두 은하에 속하지 않은 것으로 그 모습은 매우 다양하다.

일반적으로 은하는 멀리 있기 때문에 매우 어둡다. 북반구에 살고 있는 우리가 맨눈으로 볼 수 있는 유일한 은하는 안드로메다은하이다. 다른 모든 은하는 쌍안경이나 망원경을 통해서만 볼 수 있다. 은하는 그 수가 별보다 많아서 아무리 보아도 끝이 없다. 다양한 은하들의 모습을 하나하나 살펴보는 관측도 매우 흥미로울 것이다.

이 책에서 은하는 약간 퍼진 하얀 빛 조각으로 보인다. 대부분 가장자리로 갈수록 희미하며 타원이거나 길쭉한 모습을 띠고 있는 경우가 많다.

## 메시에 목록

천체망원경으로 하늘을 뒤지기 시작한 이래로 곳곳에서 성운, 성단, 은하들이 속속 발견이 되었다. 셀 수도 없이 많은 이들을 그냥 내버려 둔다면 밤하늘이 혼돈 그 자체가 될 것은 불 보듯 뻔한 일이었다. 그래서 많은 과학자들이 이름을 붙이기 시작했다.

유명한 딥스카이에는 일반적인 이름이 붙어 있다. 안드로메다은하라든가, 프레세페성단, 플레이아데스성단, 오리온대성운 같은 것들이 바로 그것이다. 하지만 이런 이름들을 붙이기에는 그 수가 너무 많았다. 그래서 숫자로 된 이름이 붙기 시작했다.

18세기의 혜성 탐색가이자 천문학자인 샤를 메시에는 혜성과 혼동하기 쉬운 성운, 성단, 은하를 정리했다. 그는 자신이 정리한 것을 세 번에 걸쳐 목록으로 남겼는데 이것이 바로 유명한 메시에 목록이다. 메시에 목록에는 모두 110개의 천체가 수록되어 있다.

메시에 목록은 숫자 앞에 M을 붙여 M1, M2 하는 식으로 표시된다. M1은 황소자리에 있는 게성운이며 M31은 안드로메다은하이다.

메시에 목록 대상들은 비교적 밝아서 소형 망원경으로 쉽게 관측이 가능하며 전 하늘에 비교적 고르게 분포하고 볼 만한 대부분의 성운, 성단, 은하를 포함하고 있어 아마추어 관측가들에게 가장 좋은 목표가 된다. 여러분이 성운, 성단, 은하 관측에 뛰어들고 싶다면 메시에 목록 대상부터 시작하면 된다. 특히 메시에 대상이 밀집된 영역은 궁수자리와 머리털-처녀자리이다. 일 년 중 3월 중순 무렵에는 하룻밤 사이에 전 메시에 대상을 관측할 수 있다. 어떤 아마추어 관측가들은 이날 모여 메시에 관측 게임을 하기도 한다. 이것을 메시에 마라톤이라고 한다.

이 책에도 메시에 대상들이 표시되어 있다. 이 책에서 M이라는 문자와 숫자를 만난다면 그것이 메시에 대상을 지칭한 것이라고 생각하면 된다. M이 적힌 대상 중에 비교적 밝고 큰 대상들은 초보자들에게 가장 적합한 대상이 될 것이다.

## NGC 목록과 IC 목록

메시에 목록은 불과 110개의 대상만을 포함하고 있다. 그러나 밤하늘에는 이보다 훨씬 많은 딥스카이들이 널려 있다. 19세기 말 천문학자 존 드레이어는 7,840개의 성운, 성단, 은하가 수록되어 있는 NGC 목록을 만들었다. 그리고 약 20년 후에는 이 목록을 보충하여 5,386개의 IC 목록을 만들었다. 두 목록을 합하면 1만 개가 넘는 성운, 성단, 은하 목록이 된다. 이미 알려진 대부분의 대상들은 모두 이 목록에 속해 있다고 보면 된다.

메시에 목록에 소속되어 있는 대부분의 대상들은 이 목록에도 포함되어 있다. 예를 들면, 안드로메다은하는 메시에 목록에서 M31이지만, NGC 목록에서는 NGC224라는 이름을 갖고 있다. NGC 목록은 적경순으로 배열되어 있다.

아마추어들의 관측 범위는 이 목록을 넘어서지 않는다. 소형 천체망원경을 갖고 있는 대부분의 아마추어들에게 관측 가능한 범위에 있는 성운, 성단, 은하는 대략 1,000개 정도로 NGC 목록의 극히 일부분이다. 그러므로 NGC 대상이라 하여 무턱대고 관측을 시도하는 것은 실패의 위험이 높다.

이 책에서 NGC 목록 대상은 일반 숫자로 표시되어 있다. 장미성운인 NGC2237은 NGC가 생략되어 2237로 표시되어 있다. 그러므로 성도에서 만나는 대부분의 숫자들은 이 NGC 목록 이름을 나타내고 있다고 보면 된다. IC 목록 대상은 숫자 앞에 I가 들어가 있어 구별이 가능하다.

이 책에는 1만여 개나 되는 모든 NGC, IC 목록 대상이 표시되어 있지는 않다. 이 책의 범위는 아마추어들이 접근 가능한 약 1,000개의 대상들에 국한된다. 그러므로 이 책에 그려지거나 나타난 대상이라면 아마추어들의 사정권 내에 속해 있는 쉬운 대상들이라고 생각하면 된다. 불과 1,000개 정도지만 유명한 천체는 거의 대부분 망라되어 있다. 그러므로 이 책을 이용하면, 본인이 직접 볼 만한 대상을 일일이 골라내야 하는 수고를 덜 수 있을 것이다.

# 사계절 아름다운 밤하늘

# 봄

### 봄의 별자리

겨울밤을 밝히던 별자리들이 서서히 서쪽으로 넘어가면, 봄의 북쪽 하늘에는 북두칠성이 높이 떠오른다. 봄의 별자리는 큰곰자리에 소속된 이 북두칠성에서 시작해 찾아간다. 일곱 개의 밝은 별들로 이루어진 북두칠성은 누구에게나 친숙하므로 별자리 여행의 기준점으로 삼기에 제격일 것이다.

북두칠성의 손잡이 끝을 연장하여 둥글게 곡선을 이어 가면 하늘 한중간쯤에서 밝은 오렌지색 별을 만난다. 이 별은 봄의 밤하늘에서 가장 밝은 별로서 목동자리의 밝은 별 아크투루스라는 이름을 갖고 있다. 이 곡선을 좀 더 연장해 보면 남쪽 하늘에서 매우 하얀 밝은 별에 이르게 된다. 이 별이 바로 처녀자리의 1등성 스피카이다. 이 곡선을 봄의 대곡선이라고 하며 봄철의 별자리를 찾아가는 기준선이 된다.

아크투루스의 서쪽을 살펴보면 스피카와 정삼각형을 이루는 곳에 밝은 2등성 별이 눈에 띈다. 이 별은 사자자리의 끝에 위치하는 데네볼라라는 별이다. 목동자리의 아크투루스와 그 서쪽에 있는 사자자리의 이등성 데네볼라, 처녀자리의 스피카를 이은 정삼각형을 가리켜 봄의 대삼각형이라고 한다. 봄의 대곡선과 대삼각형이 바로 봄철 별자리의 기준이 된다.

데네볼라의 서쪽에는 밝은 1등성 별이 하나 있다. 이것이 바로 사자자리의 가장 밝은 별인 레굴루스이다. 사자자리의 레굴루스 주변의 별들은 물음표의 거울상 모양을 하고 있다. 이 별들이 바로 사자의 머리를 비롯한 앞쪽 부분을 구성한다. 사자자리는 사자가 서쪽을 향해 웅크리고 앉아 울부짖는 모습으로 표현된다.

사자자리의 서쪽 겨울철 별자리 사이에는 게자리가 있다. 게자리의 아래쪽에는 바다뱀의 머리가 빛난다. 바다뱀자리는 서쪽 하늘에서 남쪽 하늘을 거쳐 동쪽 하늘에 이를 만큼 길게 이어져 있다.

아크투루스가 속한 목동자리는 길쭉한 마름모와 오각형의 별들로 이루어져 있다. 목동자리의 동쪽에는 왕관자리가 빛나며, 그 아래쪽에는 처녀자리가 Y자형을 그리며 넓은 남쪽 하늘을 차지한다.

봄철의 별자리에는 이외에도 까마귀자리, 사냥개자리, 컵자리, 육분의자리 등이 있다.

봄의 밤하늘

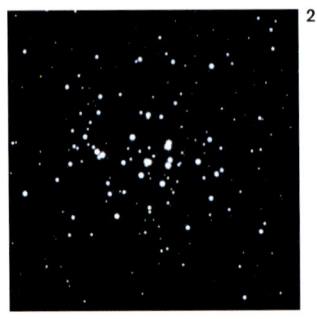

## 봄의 관측 대상

밤하늘의 주요 관측 대상인 성운, 성단, 은하는 은하수와 깊은 연관이 있다. 은하수는 우리은하의 나선팔로서 이곳에 다량의 산개성단과 성운, 그리고 별들이 모여 있기 때문이다.

봄철은 우리나라에서 유일하게 은하수를 볼 수 없는 계절이다. 봄철에는 은하수가 남쪽 하늘 아래로 내려가 버리기 때문에 다른 계절에 비해 상대적으로 별들의 숫자가 적고, 그 밝기도 어둡게 느껴진다.

은하수가 없으므로 볼 만한 성운이나 성단은 상대적으로 드물지만 그 대신 외부 은하를 다른 계절보다 월등히 많이 볼 수 있다. 별들이 적어 우주의 보다 먼 곳까지 볼 수 있기 때문이다.

봄철의 가장 유명한 대상은 게자리에 속한 프레세페성단이다. 메시에 목록 번호는 M44이다. 맨눈으로도 볼 수 있을 정도로 크고 밝으며 소형 망원경에서는 보석을 뿌려 놓은 것처럼 별들이 빽빽이 모여 있는 모습으로 보인다. 봄 하늘에서 초보자들에게 가장 적합한 대상이다. 게자리에는 M67이라는 또 하나의 대형 산개성단이 있다.

봄철의 유명한 구상성단으로는 사냥개자리의 M3을 들 수 있다. 비교적 밝고 큰 구상성단으로 소형 망원경에서도 멋지게 보인다.

봄 하늘은 외부 은하의 세상이다. 가장 많은 수의 은하가 밀집한 부분은 머리털자리와 처녀자리이다. 육안으로 보일 만큼 큰 대형 은하는 없으나 소형 망원경으로 볼 만한 것들은 셀 수도 없을 만큼 많다. 비교적 밝은 메시에 은하들이 산재한 지역은 두 별자리의 경계 영역으로 M84, M86, M87이 있는 지역이다. 이곳은 소형 망원경으로 쉽게 보이는 은하들만 수십 개에 이른다.

큰곰자리에 있는 M81, 82는 쌍안경으로 관측하기에 훌륭한 대상이다. 두 은하의 모습이 서로 대조가 되어 볼 만한 광경을 연출한다. 북두칠성 국자 끝부분에는 M51이라는 소용돌이은하가 있다. 사냥개자리에 있는 이 은하는 소형 망원경에서도 뚜렷이 보이는데다 바로 옆에 작은 은하를 동반하고 있어 꽤 유명하다. 망원경이 커지면, 은하의 나선팔을 느낄 수도 있다. 처녀자리에 있는 M104는 비교적 작지만, 특이한 모양 때문에 멕고모자은하로 불리며 관측가들의 사랑을 받고 있다.

**1**
게자리 산개성단
M67

**2**
게자리 프레세페
산개성단

**3**
머리털자리 성단

**4**
머리털자리 측면은하
NGC4565

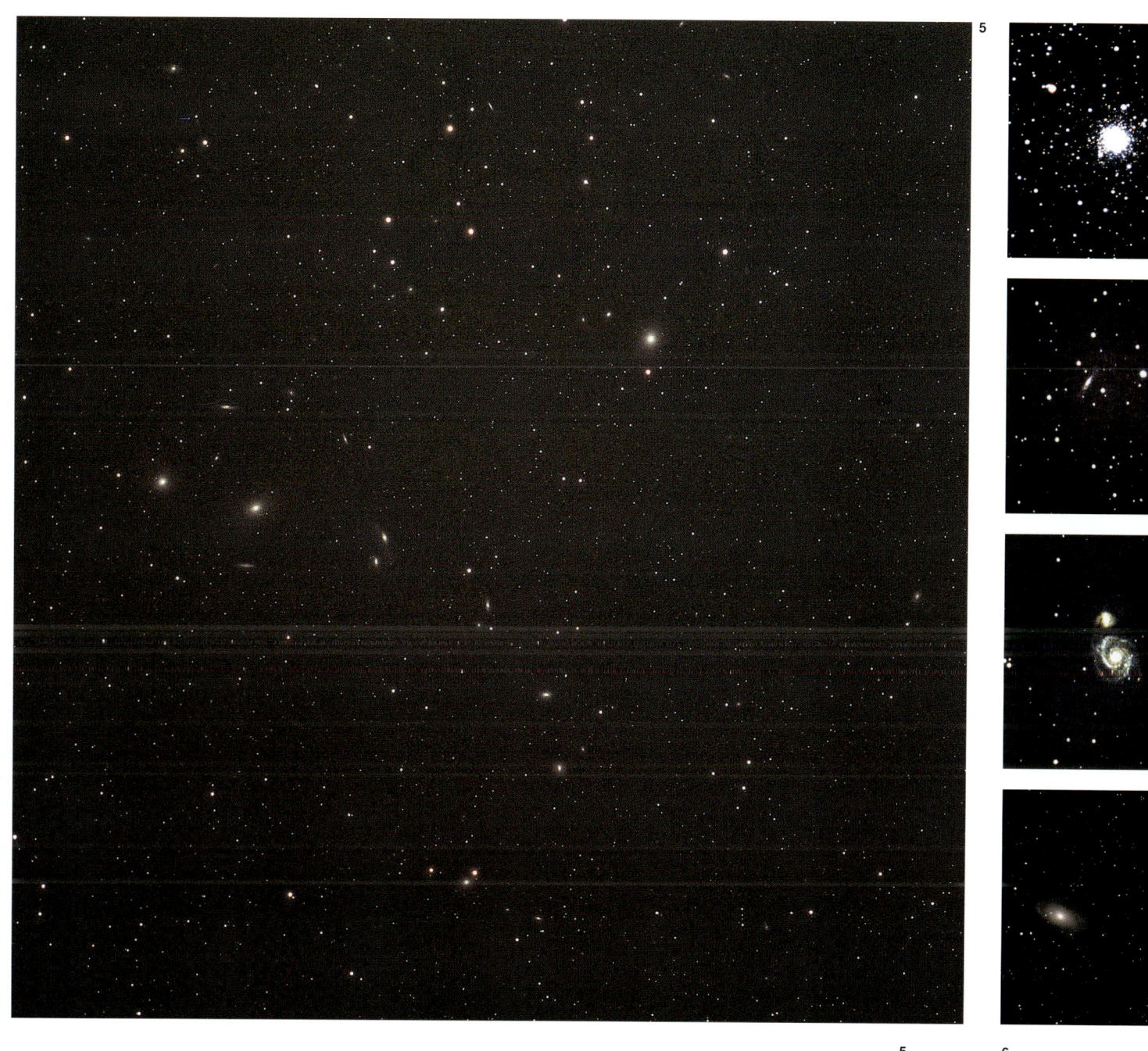

**5**
처녀자리
은하단

**6**
사냥개자리 구상성단
M3

**7**
사자자리 은하
M65 M66

**8**
큰곰자리 소용돌이은하
M51

**9**
큰곰자리 은하
M81 M82

## 사계절 아름다운 밤하늘

# 여름

### 여름의 별자리

대부분의 사람들이 가장 많이 접하는 밤하늘이 아마 여름 밤하늘일 것이다. 여름 밤하늘의 가장 큰 특징은 바로 은하수이다. 밤하늘의 강이라 불리는 은하수는 북쪽에서 남쪽 하늘에 이르기까지 여름 하늘을 가로지르며 우리를 반겨 준다.

여름철 별자리의 기준은 여름의 삼각형에서 시작된다. 거문고자리의 알파별인 베가와 독수리자리의 1등성인 알타이르, 그리고 백조자리의 1등성인 데네브를 이으면 커다란 삼각형이 만들어진다. 이 삼각형은 한여름 밤 머리 꼭대기에서 직각삼각형의 모습으로 보인다.

여름철 대삼각형의 서쪽 꼭짓점을 이루는 희고 아름다운 별, 베가는 여름밤에 떠 있는 별들 중 가장 밝은 별로서 거문고자리에 속해 있다. 거문고자리는 작은 삼각형과 사각형이 붙어 있는 자그마한 별자리로 은하수의 서쪽에 위치해 있다.

알타이르는 여름철 대삼각형 남쪽 꼭짓점에 위치한 1등성의 밝은 별로 독수리자리에 속해 있다. 은하수에 위치한 독수리자리는 날개를 편 새의 모습으로 표현된다.

여름철 대삼각형의 가장 북쪽에 위치한 별인 데네브는 백조자리의 꼬리에 있다. 이 별자리는 거대한 십자가 모양을 하고 있어 북천의 십자가라고도 불린다. 데네브는 1등성이긴 하지만 여름의 대삼각형을 이루는 별들 중 가장 어둡다. 백조자리는 은하수를 배경으로 남쪽으로 백조가 날아가는 모습을 하고 있다.

여름밤의 은하수를 따라 남쪽으로 내려가면 은하수의 동쪽과 서쪽에 밝고 뚜렷한 별자리를 만날 수 있다. 은하수 남서쪽에서 밝은 별들이 S자 형태로 늘어서 있는 것이 바로 전갈자리이다. 전갈자리는 머리에 큰 집게가, 꼬리에 독침이 튀어나와 있는 모습이며 그 심장에 붉은색 별인 안타레스가 위치해 있다.

은하수의 동쪽에 위치한 궁수자리는 활을 쏘는 사람 또는 주전자 형상으로 그려진다. 이 주전자의 손잡이 부근에 있는 여섯 개의 별은 국자 형태를 이루고 있어 북두칠성과 닮았다고 하여 남두육성이라 불린다. 우리나라에서는 장마가 지난 한여름 밤에 남쪽 하늘 높이 떠오른다.

이밖에 여름철 별자리에는 땅군자리, 돌고래자리, 헤르쿨레스자리, 뱀자리, 방패자리, 화살자리, 여우자리 등이 있다.

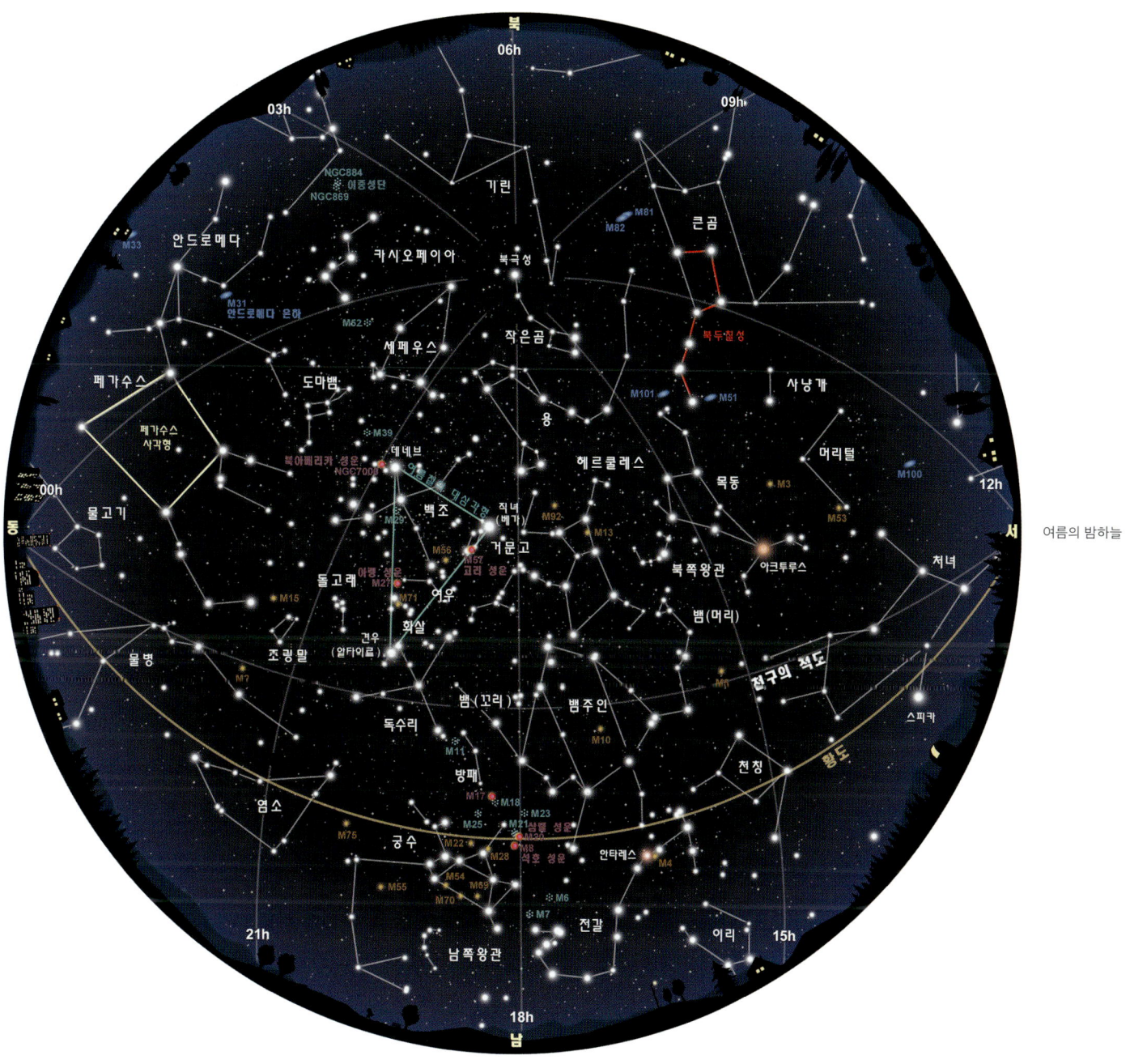

여름의 밤하늘

## 여름의 관측 대상

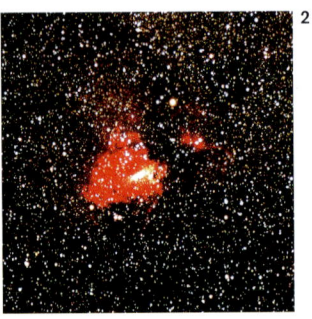

은하수가 하늘을 가로지르는 여름 하늘은 가장 다양한 성운, 성단들을 볼 수 있다. 은하수가 유달리 뚜렷한 부분은 남쪽 하늘의 전갈자리와 궁수자리 부근이다. 이 지역은 우리은하의 중심이 위치한 방향으로 수많은 별들과 각종 성운, 성단들이 얽혀 있어서 가장 복잡한 부분이기도 하다.

쌍안경으로 여름 은하수를 훑어보는 것만으로도 매우 흥미롭다. 여름 은하수가 진하고 넓은 영역은 궁수자리 영역, 방패자리 영역, 백조자리 영역이다. 이 세 영역은 은하수를 이루는 수많은 작은 별들이 화려하게 빛을 발하는 훌륭한 관측 지역이다.

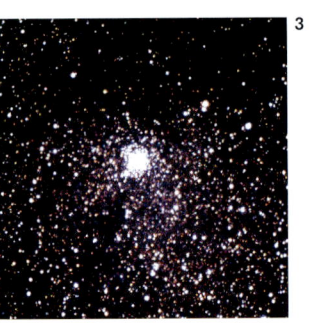

은하수에 주로 존재하는 성운은 한여름에 가장 적합한 관측 대상이다. 가장 유명한 성운은 석호성운으로 알려진 M8과 삼렬성운인 M20이다. 이 두 대상은 궁수자리와 전갈자리의 중간에 위치해 있다. 쌍안경으로도 잘 보이며 소형 망원경에서는 성운이 갈라진 세부 모양을 상세히 볼 수 있어 절대 놓칠 수 없는 대상이다. 이 두 대상의 바로 위쪽에 또 다른 성운으로 오메가성운인 M17과 독수리성운인 M16이 있다. 오메가성운은 비교적 뚜렷한 성운이 인상적인 반면, 독수리성운은 성단과 섞여 있어서 성운을 명확히 보기 어렵다.

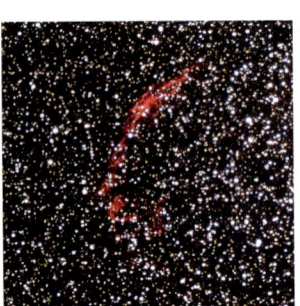

백조자리에는 유명한 아령성운 M27이 있다. 아령성운은 거문고자리의 고리성운, M57과 함께 여름철에 관측 가능한 중요 행성상성운이다. 백조자리에는 북아메리카성운 NGC7000이 있다. 날씨가 맑은 이상적인 장소에서 맨눈으로도 확인되는 이 성운은 대형 성운으로 사진 촬영의 중요 대상이다.

은하수를 따라 다량으로 널려 있는 산개성단 또한 성운에 못지않은 흥미로운 대상이다. 그중에서 전갈자리 꼬리에 있는 M7과 M6은 가장 유명한 대상으로 쌍안경으로도 관측의 맛을 느낄 수 있다. 방패자리의 M11은 비교적 고른 별들이 빽빽하게 모인 특이한 산개성단이다. 백조자리의 M39는 다소 성기게 모여 있으나 볼 만한 대형 산개성단이다.

은하수 중심 영역이 위치한 궁수자리 방향은 가장 많은 구상성단이 존재한다. 궁수자리의 M22는 대형 구상성단으로 여름철 2대 구상성단의 하나이다. 전갈자리 안타레스 바로 옆에 위치한 M4도 훌륭한 대상이다. 이 지역에는 작지만 뚜렷한 구상성단들이 의외로 많아 관측자들을 즐겁게 한다. 여름밤 하늘에서 가장 유명한 구상성단은 헤르쿨레스자리의 M13으로 북반구에서 가장 큰 구상성단이다. 소형 망원경에서도 주변부의 별이 분해되는 듯한 느낌을 받는다. 이처럼 많은 볼거리가 모여 있는 여름 밤하늘은 밤이 짧아 아쉬울 정도로 흥미진진하다.

**1**
궁수자리 암흑성운
B86

**2**
궁수자리
오메가성운

**3**
방패자리 산개성단
M11

**4**
백조자리 베일성운

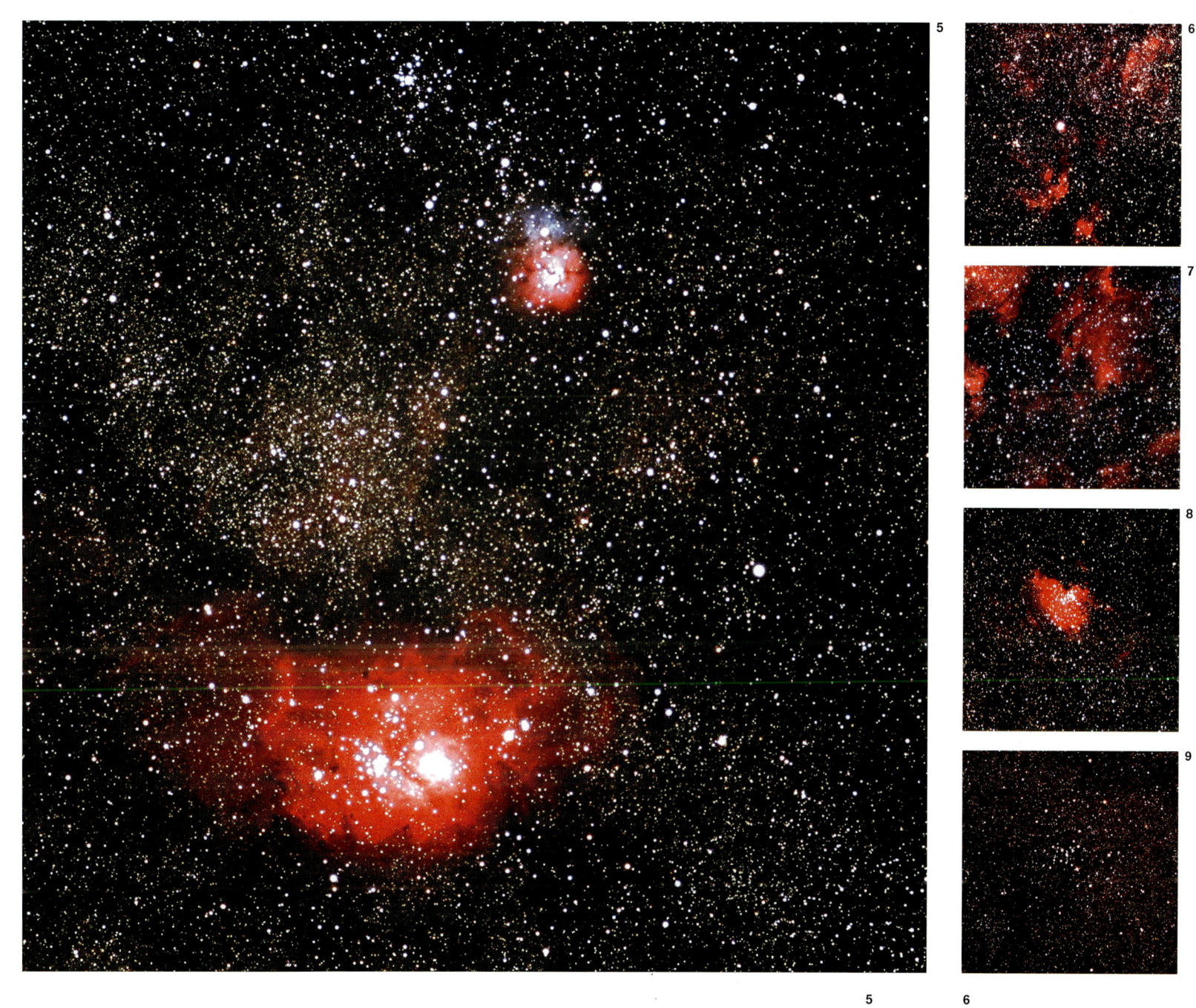

**5**
궁수자리
석호성운
삼렬성운

**6**
백조자리
중심부 성운

**7**
백조자리
펠리칸성운

**8**
뱀자리
독수리성운

**9**
전갈자리 산개성단
M7

# 사계절 아름다운 밤하늘

# 가을

## 가을의 별자리

가을철 밤하늘은 북쪽 하늘 높이 위치한 밝은 별들과 남쪽 하늘의 다소 어두운 별들이 장식하고 있다. 가을철 별자리에는 다른 계절과는 달리 1등성의 밝은 별이 거의 없고 그보다 어두운 2등성 별들이 주요 별자리를 이루고 있다.

가을이 되면, 북서쪽 하늘에는 여름철 대삼각형의 한쪽 꼭짓점인 백조자리가 점차 지평선 아래로 지고 있고, 머리 위에는 가을철 별자리인 카시오페이아자리, 페르세우스자리가 빛나고 있으며, 북동쪽에는 겨울철 마차부자리가 떠오르고 있다.

가을철 별자리의 기준은 머리 위에서 빛나는 네 개의 별들이 큰 사각형을 이루고 있는 가을의 대사각형이다. 이 사각형은 하늘을 나는 천마 페가수스자리의 일부분이다. 이 사각형의 서쪽에 있는 별들을 이으면 천마의 머리가 그려지고 북동쪽으로는 안드로메다자리가 이어진다. 천마는 하늘에서 거꾸로 매달려 날아다니는 형상이다. 천마 페가수스는 그리스의 영웅 페르세우스가 타고 다니던 하늘을 나는 말이다.

이 가을의 대사각형 북동쪽 꼭짓점 별과 부근의 밝은 별들로 선을 그어 보면 신화 속의 공주인 안드로메다자리가 있다. 또 페가수스자리에서 안드로메다자리만큼 더 연장하면 페르세우스자리에 다다른다. 페르세우스자리는 페가수스자리에서 북동쪽으로 가을의 사각형 길이의 약 두 배만큼 떨어져 있다. 페르세우스자리 주변에는 은하수가 희뿌옇게 지나가며 별들도 대체로 밝은 편이다.

페르세우스자리에서 북쪽으로 올라가면 에티오피아의 왕비인 카시오페이아자리와 왕인 세페우스자리가 있다. 북천의 별자리이기도 한 카시오페이아자리는 W자형으로, 세페우스자리는 카시오페이아의 북서쪽에서 길쭉한 오각형으로 빛난다.

가을철 남쪽 하늘에는 뚜렷한 별자리가 드물다. 페가수스 사각형 아래쪽으로 물고기자리와 물병자리가 있지만 별자리에 능숙한 사람이 아니라면 찾기 어렵다. 물고기들은 작은 오각형을 이루는 별들로 구성되며 물병은 Y자 형태로 표현된다.

가을의 남쪽 하늘에서 가장 눈에 띄는 별이 두 개가 있는데 그 하나가 유일한 1등성인 포말하우트이며, 다른 하나는 고래자리 베타별이다. 포말하우트는 남쪽물고기자리에 속해 있으며 외로운 별이란 뜻을 가지고 있다. 고래자리는 천정 부근에서 남쪽 하늘까지 이어져 있는 커다란 별자리이다.

가을의 별자리에는 이밖에 양자리, 삼각자리, 조랑말자리, 조각구자리 등이 있다.

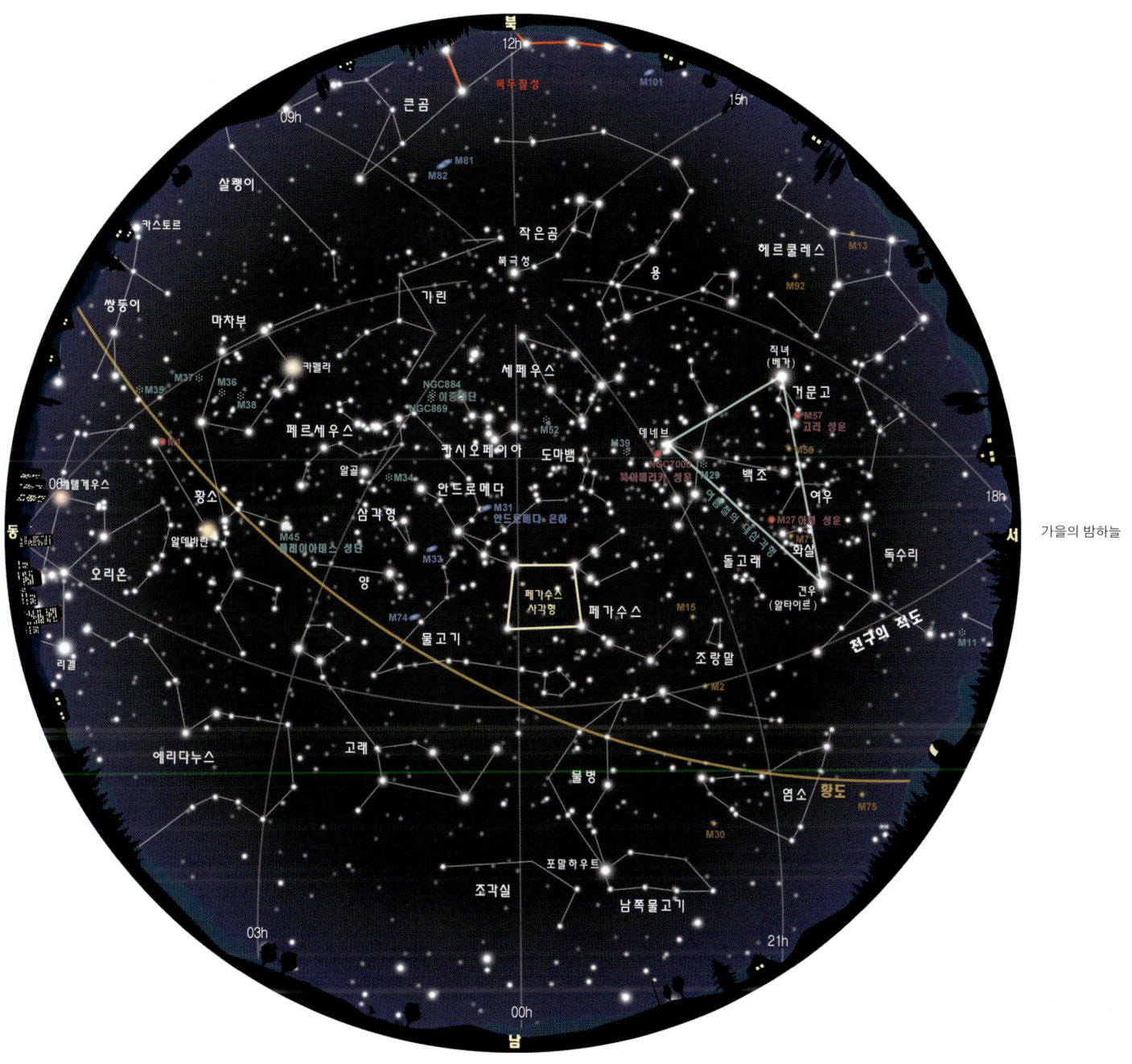

가을의 밤하늘

## 가을의 관측 대상

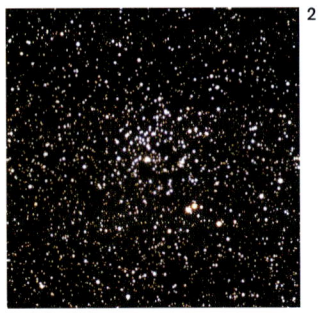

가을이 되면 은하수는 북쪽 하늘 높이 올라온다. 그 영향으로 북쪽 하늘에는 많은 수의 산개성단들이 널려 있다. 반면, 남쪽 하늘로 내려가면, 다량의 은하가 줄지어 나타난다. 그래서 성단과 은하를 다양하게 볼 수 있는 때가 바로 가을이다. 하지만 다른 계절에 비해 그 숫자는 적다.

가을 하늘에서 가장 유명한 대상은 뭐니 뭐니 해도 안드로메다은하이다. 북반구에서 맨눈으로 볼 수 있는 대형 나선은하인 안드로메다은하는 메시에 목록의 31번을 차지하고 있어 M31이라고도 불린다. 쌍안경으로도 넓은 은하의 영역을 확인할 수 있을 만큼 잘 보이며 소형 망원경에서는 동반된 두 개의 위성 은하, M32와 M110도 볼 수 있다.

안드로메다자리의 옆에 있는 삼각자리에는 또 하나의 대형 나선은하가 있다. 바로 M33으로, 쌍안경에서 어둡지만 큼직하게 나타난다. 소형 망원경으로 보면 이 은하는 표면 밝기가 낮아 경계가 불분명해 보인다.

비교적 소형의 어두운 은하들이 페가수스자리를 비롯하여 물고기자리, 고래자리 등 가을철 남쪽 하늘에 다량으로 존재한다. 하지만 봄철에 비해 좀 더 소형이고 어둡다. 때문에 초보자들에게 관측이 어려워 그리 환영받지는 못한다. 비교적 밝은 것들로는 고래자리의 작은 은하인 M77, 물고기자리의 M74, 조각구자리의 나선은하인 NGC253 등을 들 수 있다.

페르세우스자리에는 대형 성운이 하나 있다. 바로 캘리포니아 성운으로 알려진 NGC1499이다. 맨눈으로도, 망원경으로도 보기 어렵지만 사진에서 쉽게 나타나므로 천체 사진 촬영 시에 매우 반기는 대상이다.

크고 밝은 행성상성운인 NGC7293은 포말하우트 부근에 있다. 가을철의 유명 관측 대상인 이 행성상성운은 그 모습 때문에 이중나선성운으로 알려져 있으며 소형 망원경으로도 쉽게 그 모습을 확인할 수 있다.

카시오페이아자리와 페르세우스자리에는 밝고 뚜렷한 산개성단들이 많이 있다. 이 산개성단들은 은하수를 따라 여기저기에서 빛나고 있다. 카시오페이아자리의 비교적 별들이 많이 모여 있는 M52, 페르세우스자리의 별의 수가 다소 적은 M34 등이 대표적인 산개성단이다.

가을 밤하늘에도 구상성단이 있다. 페가수스자리의 M15와 물병자리의 M2가 소형 망원경을 유혹한다. 이 둘은 밝고 크기도 큰 대형 구상성단이어서 쌍안경에서도 쉽게 보일 뿐 아니라 소형 망원경에서 비교적 뚜렷한 모습을 볼 수 있어 인기가 많다.

**1**
삼각형자리 나선은하
M33

**2**
안드로메다자리 산개성단
NGC752

**3**
카시오페이아자리 산개성단
NGC7789

**4**
카시오페이아자리 성단
M52

**5**
안드로메다자리
안드로메다은하

**6**
카시오페이아자리 성운
NGC281

**7**
페르세우스자리 산개성단
NGC1528

**8**
페르세우스자리
이중성단

**9**
페르세우스자리
캘리포니아성운

## 사계절 아름다운 밤하늘

# 겨울

### 겨울의 별자리

밝은 별들이 많은 겨울 밤하늘은 검은 하늘에 마치 보석을 뿌려 놓은 듯 화려한 느낌을 준다. 이 추운 밤에는 사계절을 통틀어 가장 많은 수의 1등성이 빛나고 있다. 그 때문에 겨울철 별자리들은 다른 계절 별자리들에 비해 비교적 뚜렷하고 찾기도 쉬운 편이다.

겨울철 별자리의 기본은 겨울의 대삼각형에서 시작된다.

먼저, 겨울철 남동쪽 하늘에서는 전 하늘에서 가장 밝고 찬란한 별인 시리우스를 만날 수 있다. 이 푸른 별 시리우스와 남쪽 하늘에 떠 있는 오리온자리의 베텔기우스, 그리고 작은개자리의 1등성 프로키온은 커다란 정삼각형을 이루고 있으며 이것이 바로 겨울철 별자리의 길잡이라 할 수 있는 겨울의 대삼각형이다.

오리온자리는 1등성이 두 개 소속되어 있는 특이한 별자리로 찾기가 쉬워 매우 인기 있다. 오리온자리는 1등성 두 개와 2등성 두 개로 큰 직사각형을 이루고, 그 가운데에 세 개의 2등성이 한 줄로 늘어선 화려한 모습을 하고 있다. 오리온의 중앙에 위치한 이 세 개의 별을 삼태성이라고 부른다. 붉은색의 베텔기우스와 흰색의 리겔이라는 별이 오리온자리의 대표적인 별들이다.

하늘에서 가장 밝은 별인 시리우스는 큰개자리에 속해 있다. 큰개자리는 오리온자리의 남동쪽에 있으며 겨울 은하수가 지나가는 길목에 있는 별자리이다. 겨울철 대삼각형의 가장 동쪽 별은 프로키온이며 작은개자리의 가장 밝은 별이다.

오리온자리의 북동쪽에는 밝은 별 두 개가 나란히 빛나는 쌍둥이자리가 있다. 이 두 별은 카스토르와 풀룩스라고 이름 붙여져 있으며 밝은 것이 풀룩스이다. 오리온의 서쪽에는 황소자리가 있다. 황소자리의 1등성은 알데바란이라는 별로 붉은색을 띠고 있다.

겨울밤 머리 위에는 희고 밝은 1등성인 카펠라가 있다. 이 카펠라를 포함하여 주변에 있는 다섯 개의 별들이 오각형을 형성하면서 마차부자리를 이룬다.

겨울철 은하수는 북쪽에서 하늘을 가로질러 남쪽으로 내려간다. 은하수가 지나가는 북쪽 하늘에는 마차부자리가 있고 그 아래로 쌍둥이자리, 외뿔소자리를 거쳐 큰개자리에 이르기까지 희뿌연 모습으로 은하수가 흘러간다. 겨울철 은하수의 특징은 여름철 은하수와 달리 다소 어둡고 흐릿하여 두드러지지 않는다는 점이다.

겨울철 별자리로는 이밖에 외뿔소자리, 토끼자리, 에리다누스자리, 고물자리 등이 있다.

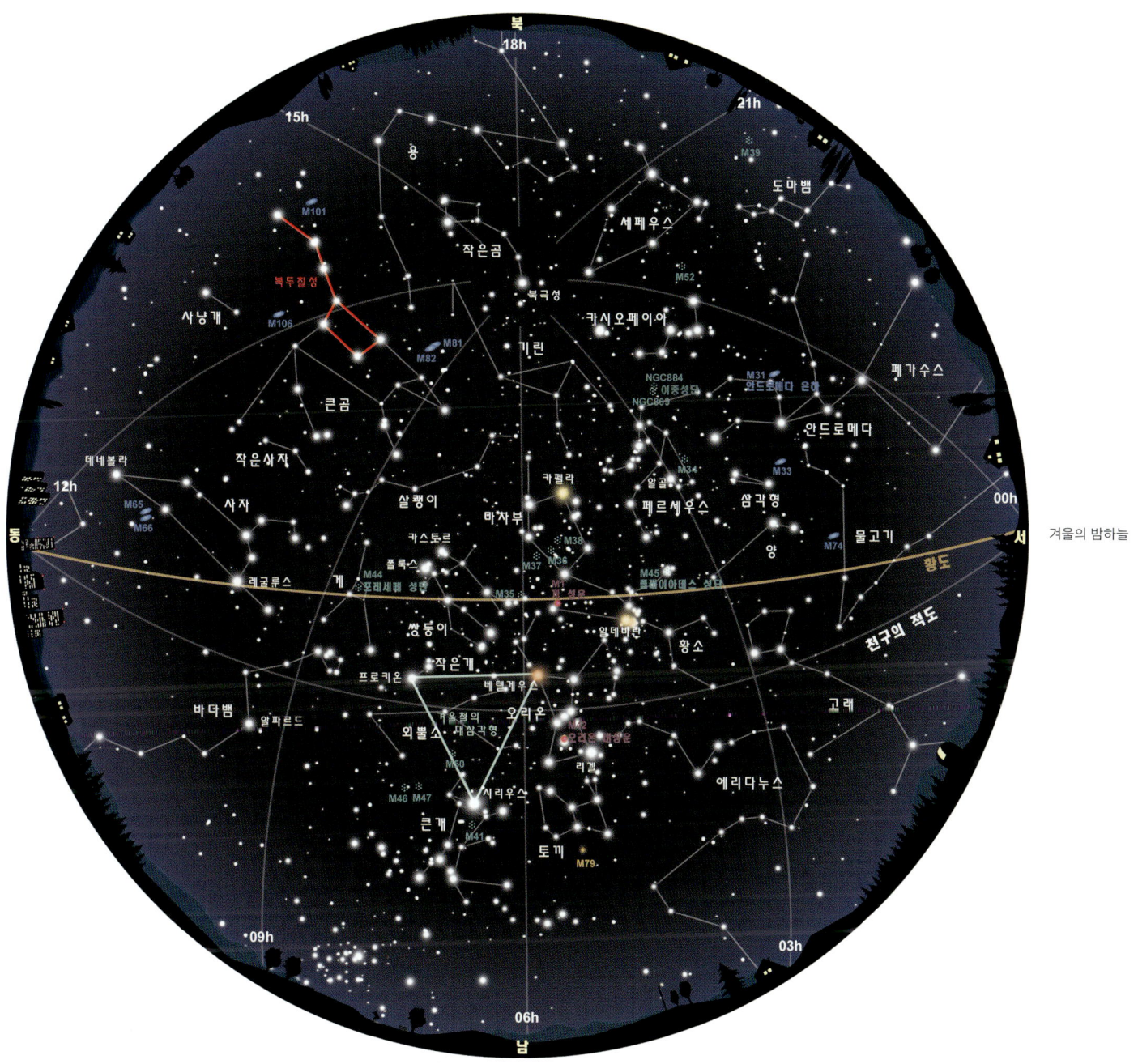

겨울의 밤하늘

## 겨울의 관측 대상

뚜렷한 밝은 별들이 많은 겨울철 밤하늘에는 여름과 마찬가지로 은하수가 하늘을 가로지른다. 따라서 겨울에 보이는 대상들은 비교적 밝고 뚜렷하며 종류도 다양하다.

겨울 밤하늘에서 가장 유명한 대상은 오리온대성운이다. 오리온자리 삼태성의 아래쪽에 위치한 오리온대성운은 우리나라 하늘에서 볼 수 있는 가장 밝은 성운이다. 맨눈으로는 다소 퍼진 별처럼 보이지만 쌍안경으로 보면 성운이라는 사실을 쉽게 알 수 있다. 망원경으로 보면 구경에 따라 대단히 다양하고 복잡한 모습을 보여 준다. 오리온대성운은 M42, M43으로 이름 붙여져 있다.

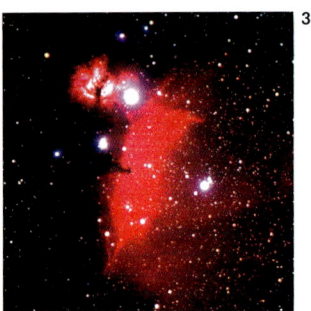

또 다른 유명한 성운인 말머리성운은 오리온자리 삼태성 옆에 있다. 이 성운은 암흑성운이어서 소형 망원경으로는 보기 어렵지만 사진 촬영에는 매우 훌륭한 대상이다. 외뿔소자리에 있는 장미성운 또한 눈으로 보기엔 쉽지 않지만 사진 촬영에서 매우 화려하게 나타난다. 그래서 사진가들에게 특히 인기 있는 대상이다.

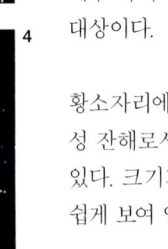

황소자리에 위치한 게성운은 별이 폭발하고 남은 흔적인 초신성 잔해로서 메시에 목록의 첫 번째인 M1이라는 이름이 붙어 있다. 크기가 작지만 찾기 쉬운 위치에 있고 소형 망원경에서 쉽게 보여 인기가 있다.

황소자리에는 히아데스와 플레이아데스라는 대형 산개성단이 있다. 알데바란 주변에 널린 별들로 구성된 히아데스성단은 맨눈과 쌍안경에서 훌륭한 관측 대상이다. 플레이아데스성단은 맨눈에서 몇 개의 별이 뭉쳐진 것처럼 보이지만, 쌍안경에서는 푸른색 성운에 둘러싸인 밝은 별들을 볼 수 있다. 망원경으로는 푸른색 별들과 그 주변에 퍼진 반사성운들을 볼 수 있다.

겨울밤은 은하수가 흘러가는 하늘인 만큼 다량의 산개성단들을 볼 수 있다. 대표적인 것들로는 마차부자리의 세 산개성단인 M36, M37, M38을 들 수 있다. 이중 M37이 가장 많은 별들로 구성되어 있다.

겨울철 대삼각형의 아래쪽에 있는 고물자리에는 밝은 산개성단들이 많다. 그중 대표적인 것이 M46과 M47이다. M46은 어둡지만 밝기가 고른 별들이 다량으로 모여 있는 모습이며, 반대로 M47은 그 수가 적지만 매우 밝은 별들이 화려하게 빛나는 모습이다.

남쪽 하늘의 큰개자리에는 M41이라는 대형 산개성단이 있다. 시리우스 아래쪽에 위치해 있어 찾기도 쉬우며 밝은 별로 구성되어 매우 화려한 모습을 하고 있다. 큰개자리 아래쪽에도 많은 산개성단들이 줄지어 나타나지만, 우리나라에서는 고도가 너무 낮아 큰 기대를 하기 어렵다.

**1**
마차부자리 산개성단
M37

**2**
바다뱀자리 산개성단
M48

**3**
오리온자리
말머리성운

**4**
오리온자리 반사성운
NGC1977

**5**
오리온자리
오리온대성운

**6**
오리온자리
원숭이성운

**7**
외뿔소자리 발광성운
IC2177

**8**
외뿔소자리
장미성운

**9**
황소자리
플레이아데스성단

# 밤하늘 사진 성도

사진 성도 매뉴얼

사진 성도

# 사진 성도 매뉴얼

이 책은 우리나라에서 볼 수 있는 사계절 전 밤하늘을 모두 66개 영역으로 나누어 촬영한 사진 성도를 담고 있다. 다만 은하가 밀집되어 있는 '머리털-처녀자리 은하단' 부근은 확대 촬영하여 별도로 실었다. 보다 쉽고 편리하게 원하는 별을 찾아서 볼 수 있도록 간략히 각각의 성도면이 어떻게 구성되어 있는지를 설명하고자 한다.

1. 각 영역에 대해 왼쪽 페이지에는 사진 원본을, 오른쪽 페이지에는 별자리를 비롯한 주요 성운, 성단, 은하의 이름과 위치를 표시한 사진을 실었다.

2. 각 페이지의 상단 모서리에 있는 큰 숫자는 영역 번호이다. 1번과 2번은 천의 북극(북극성) 부근이며, 천의 북극을 기준으로 적경이 빠른 순으로 영역 번호가 매겨져 있다. 같은 적경에서는 북쪽에서 남쪽 순으로 번호가 매겨져 있다.

3. 오른쪽 페이지 아래에는 해당 영역의 위치와 주변 영역을 쉽게 알 수 있도록 작은 인덱스 성도와 해당 영역의 범위, 영역에 포함된 주요 별자리 이름을 표시하였다.

4. 오른쪽 페이지 위에는 해당 영역에 대한 촬영 데이터를 수록하였다.

5. 사진 성도 사방에는 인접 영역 번호를 표시하여 주변 성도를 쉽게 찾을 수 있도록 하였다.

# 북천

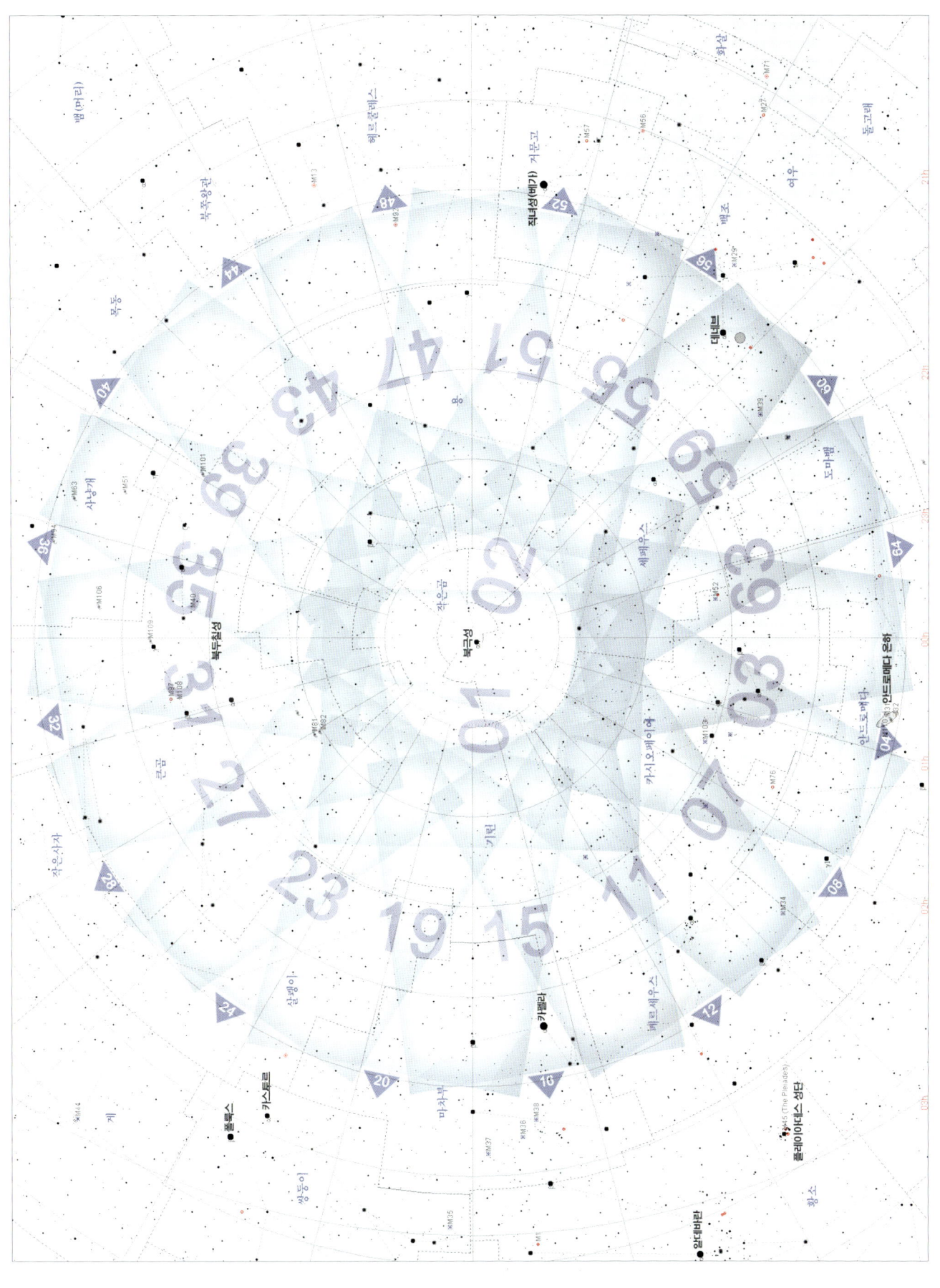

# 봄

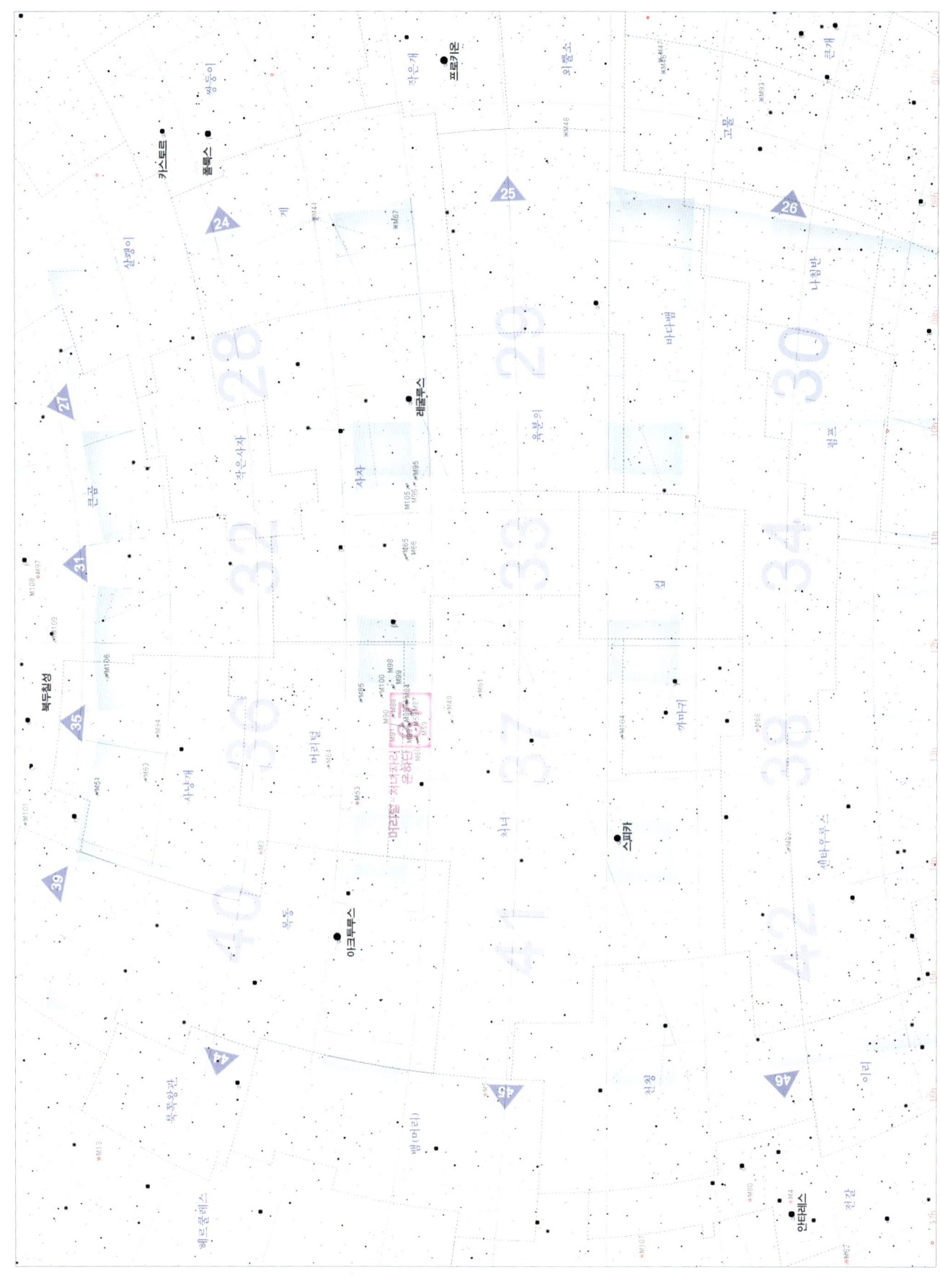

# 여름

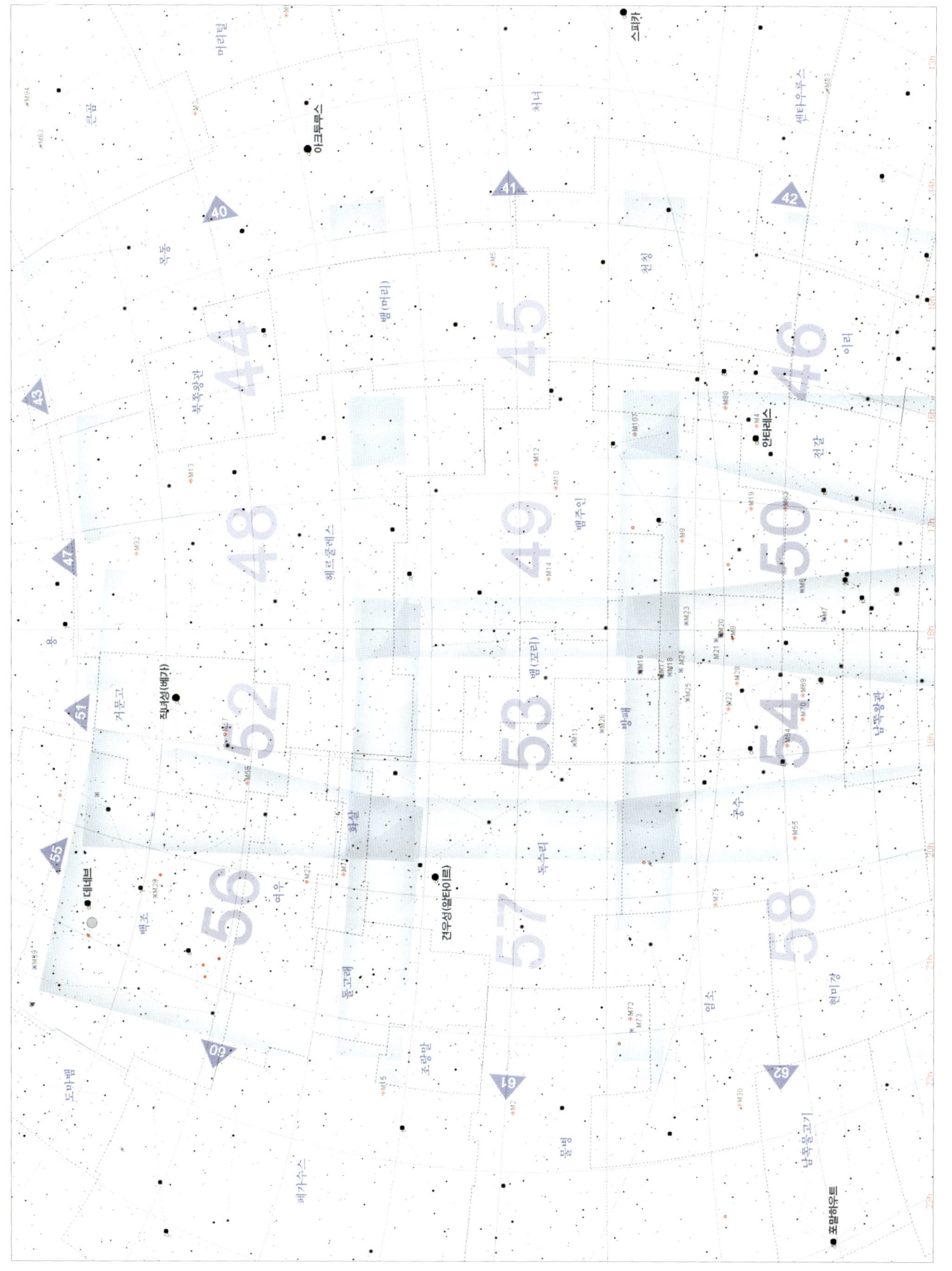

# 가을

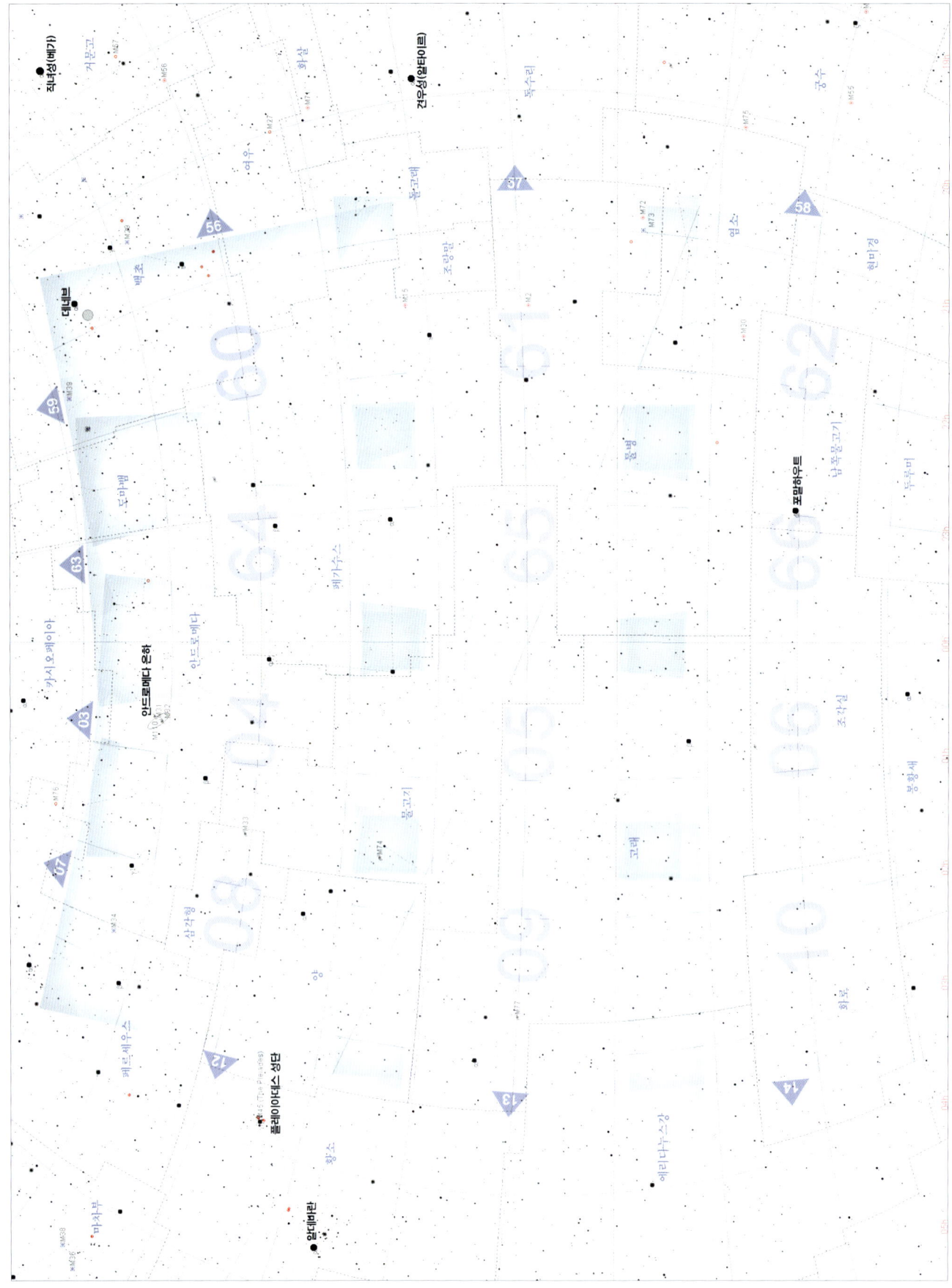

# 겨울

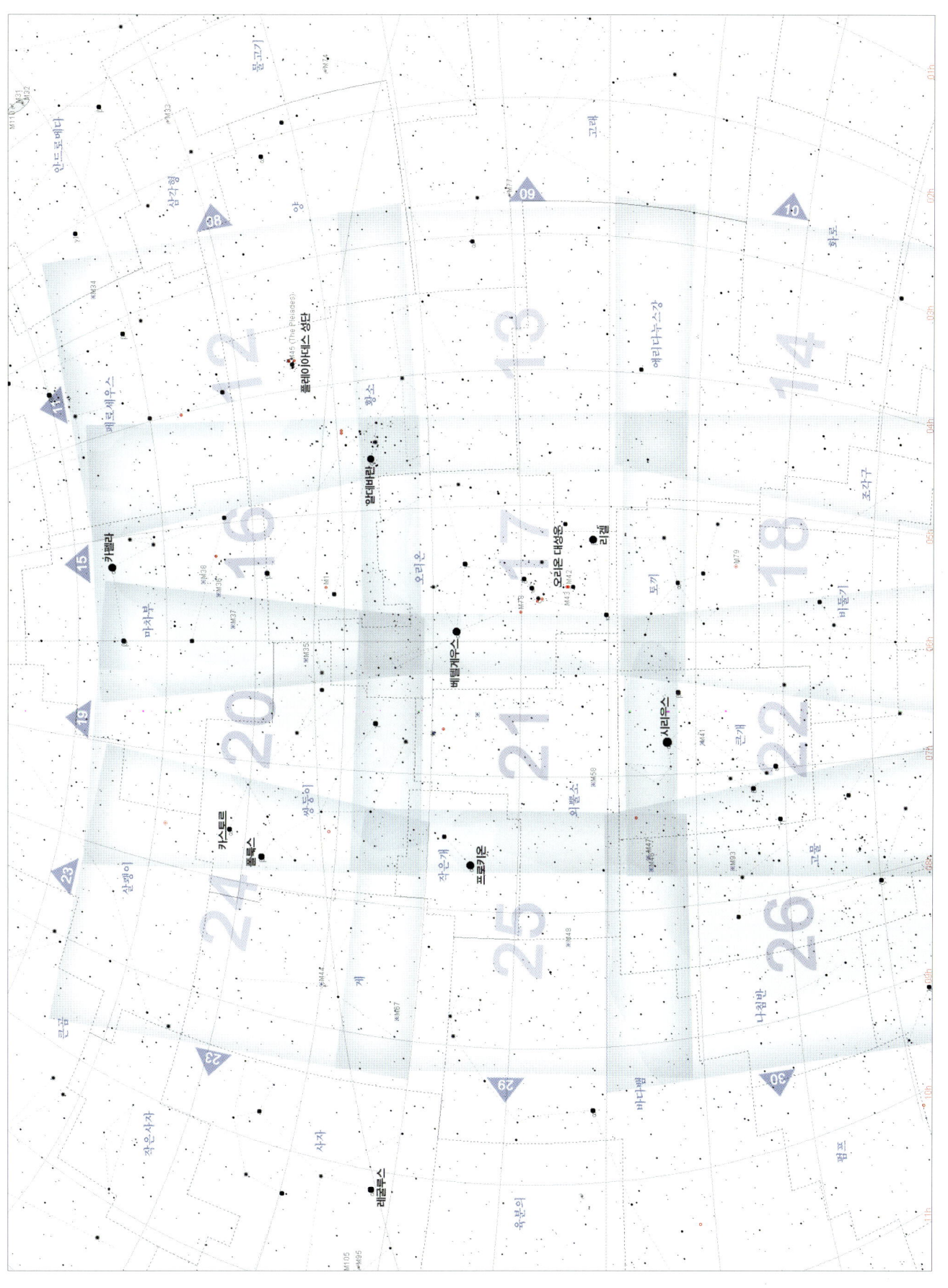

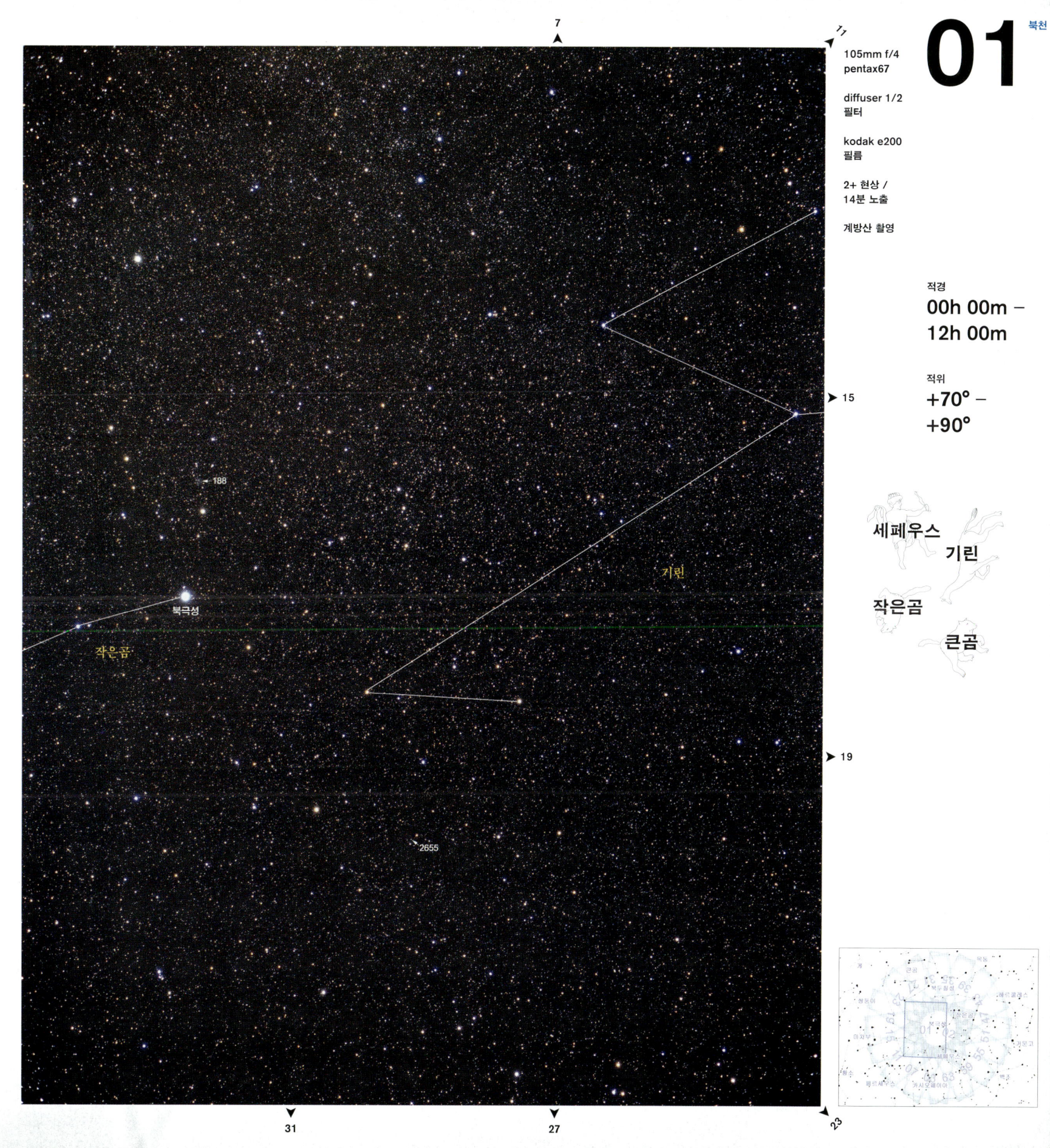

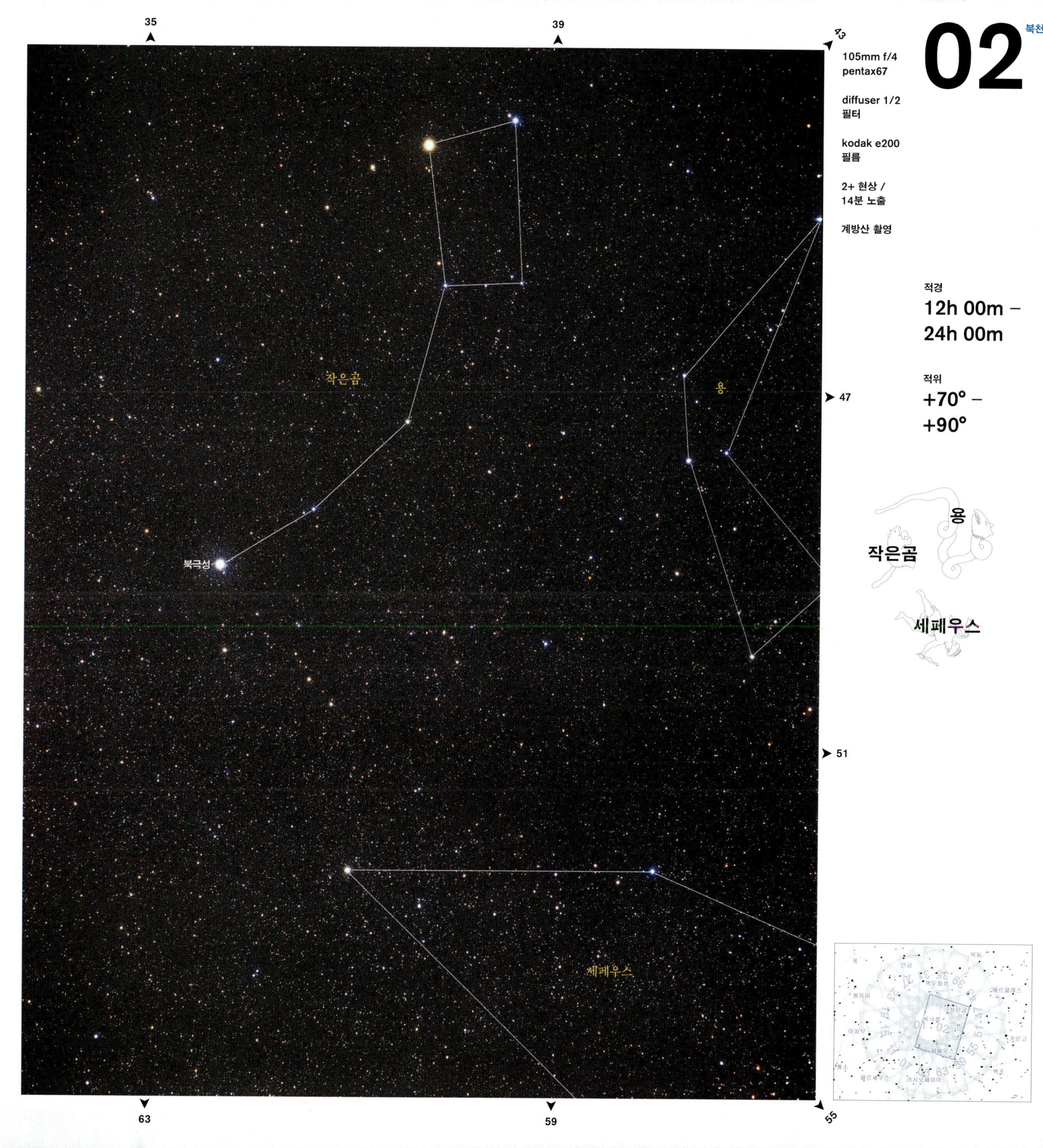

# 03

북천

105mm f/4
pentax67

diffuser 1/2
필터

kodak e200
필름

2+ 현상 /
16분 노출

계방산 촬영

1

7

63

4

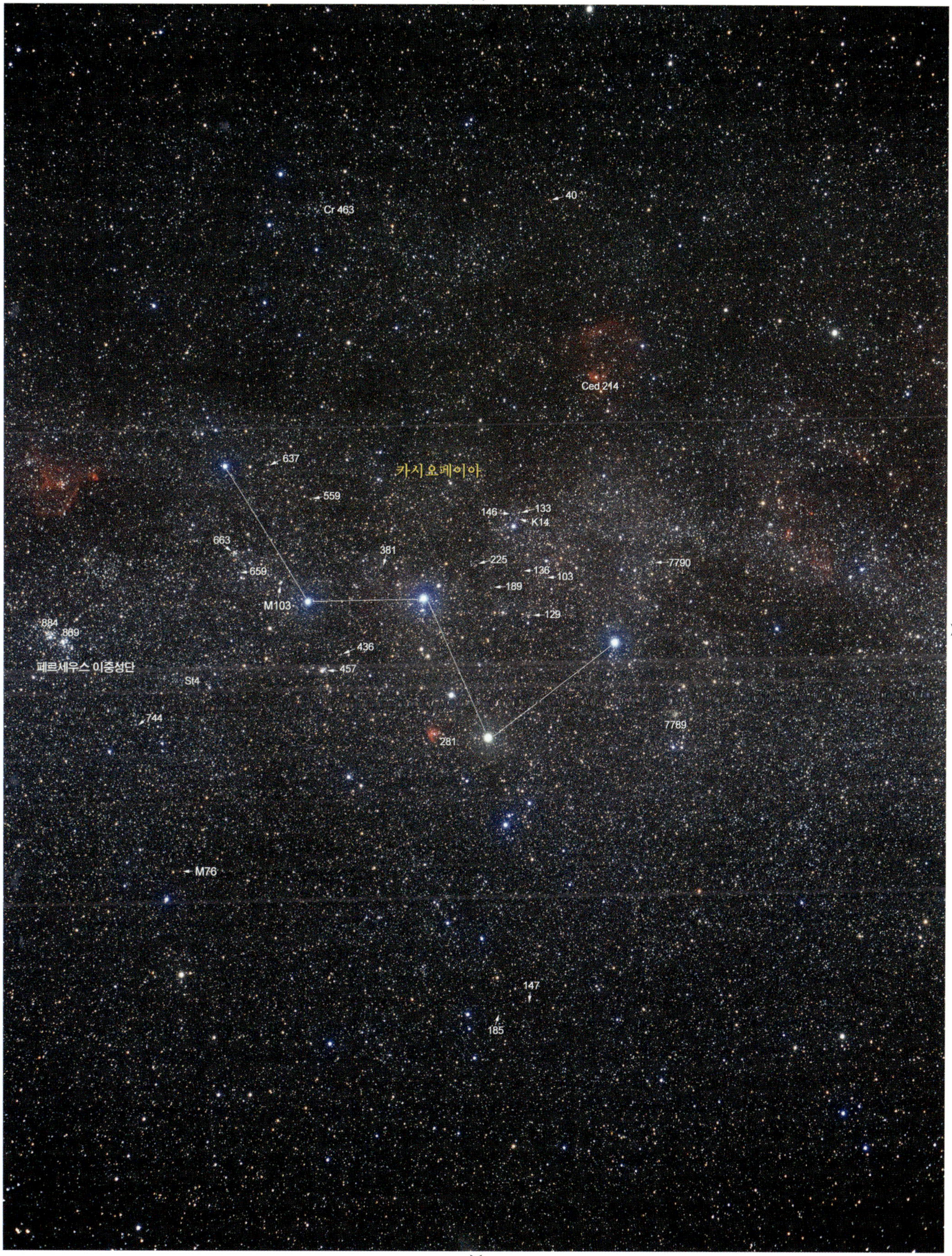

적경
**00h 00m –**
**01h 30m**

적위
**+45° –**
**+75°**

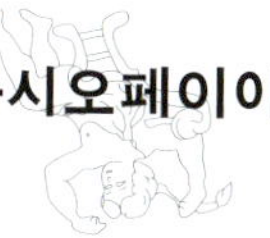

카시오페이아

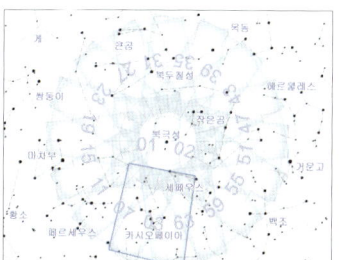

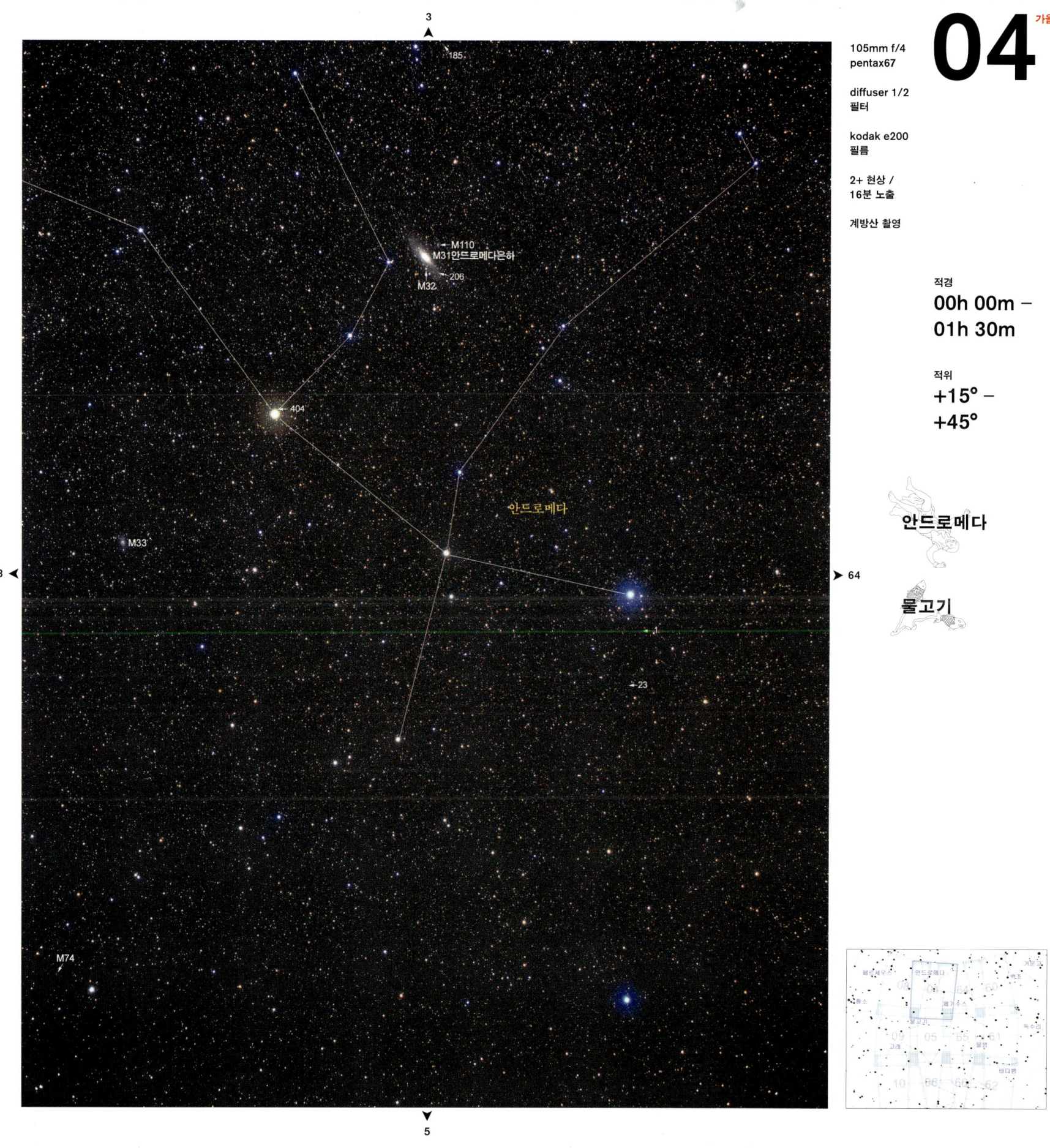

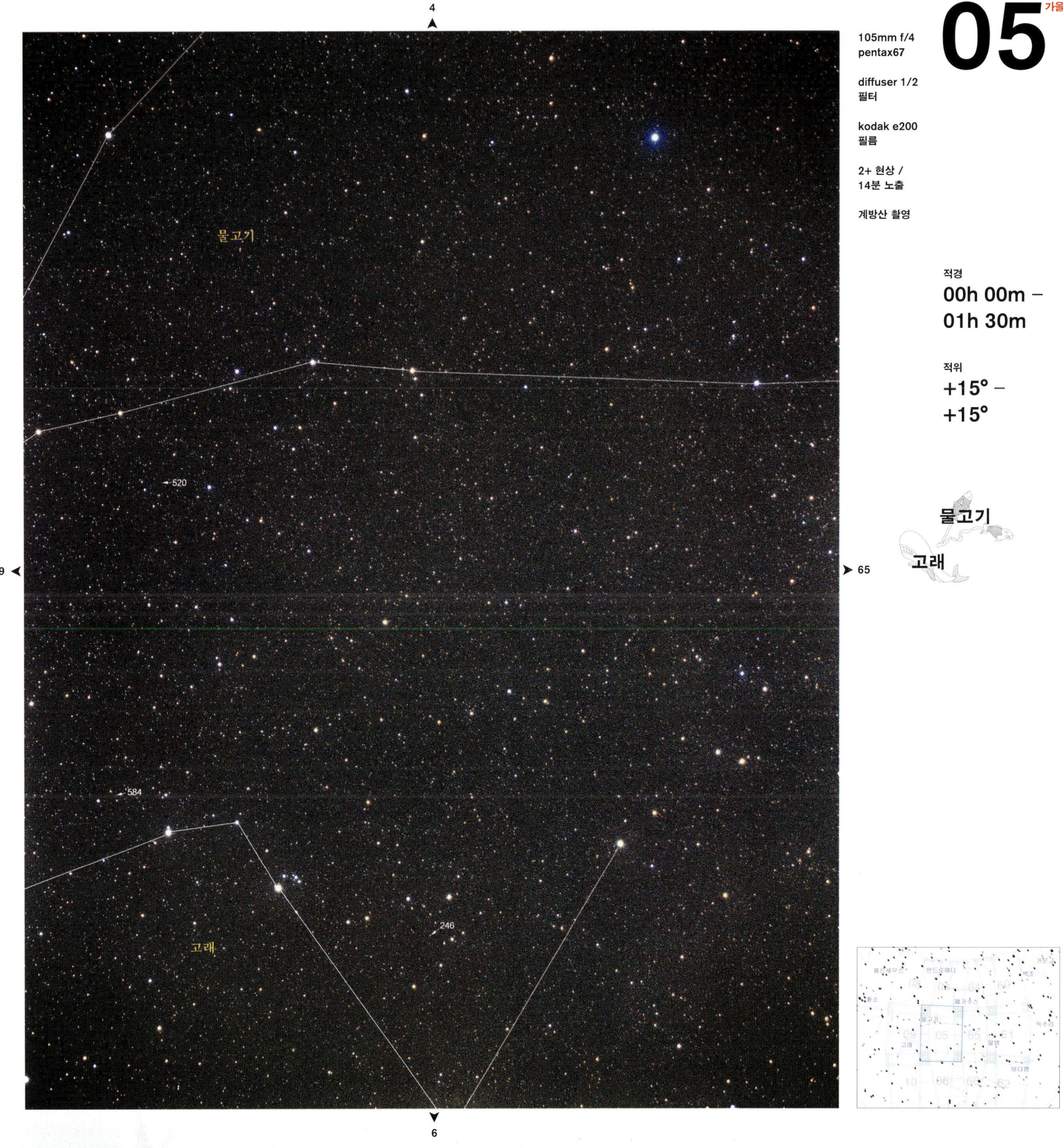

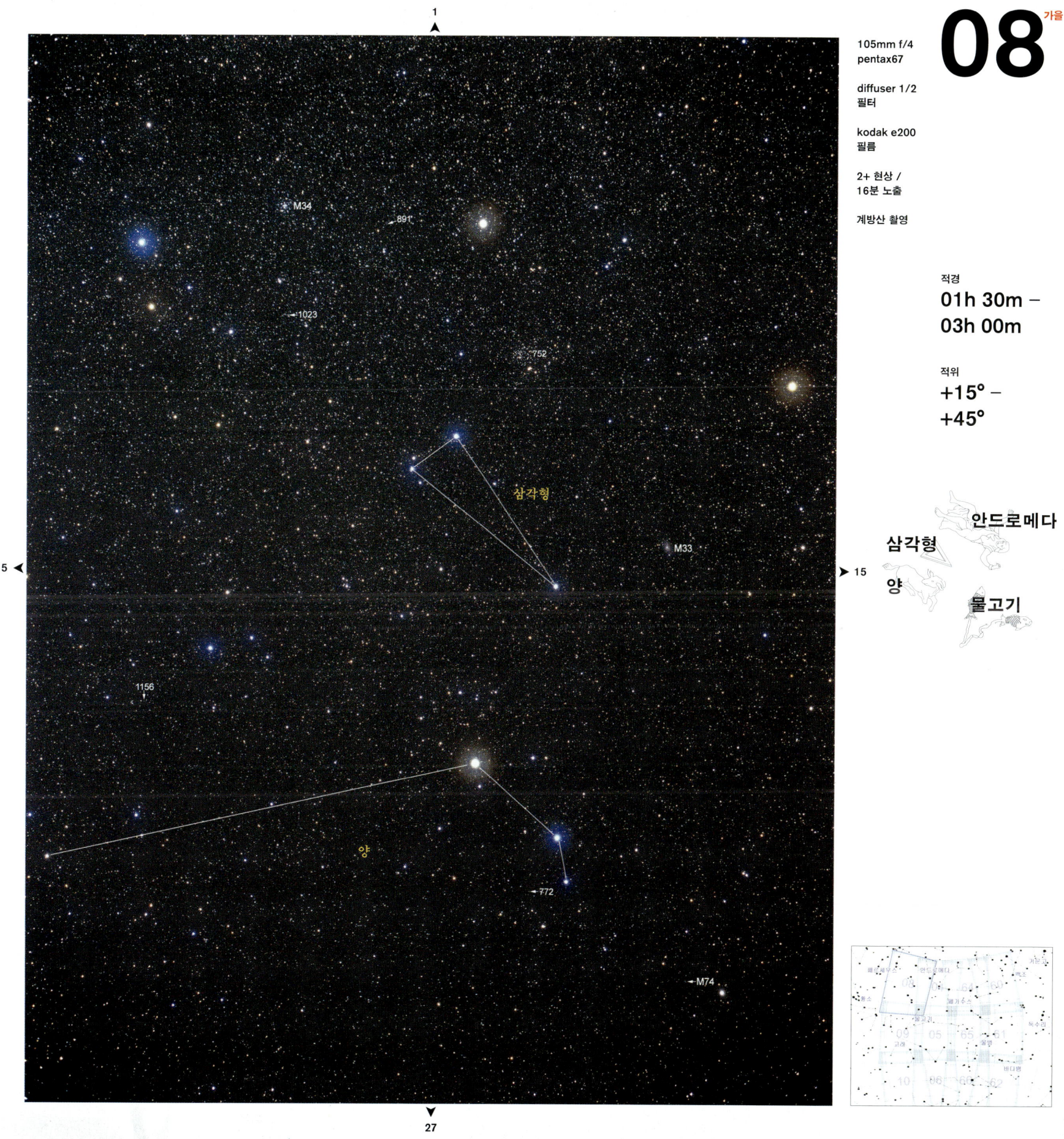

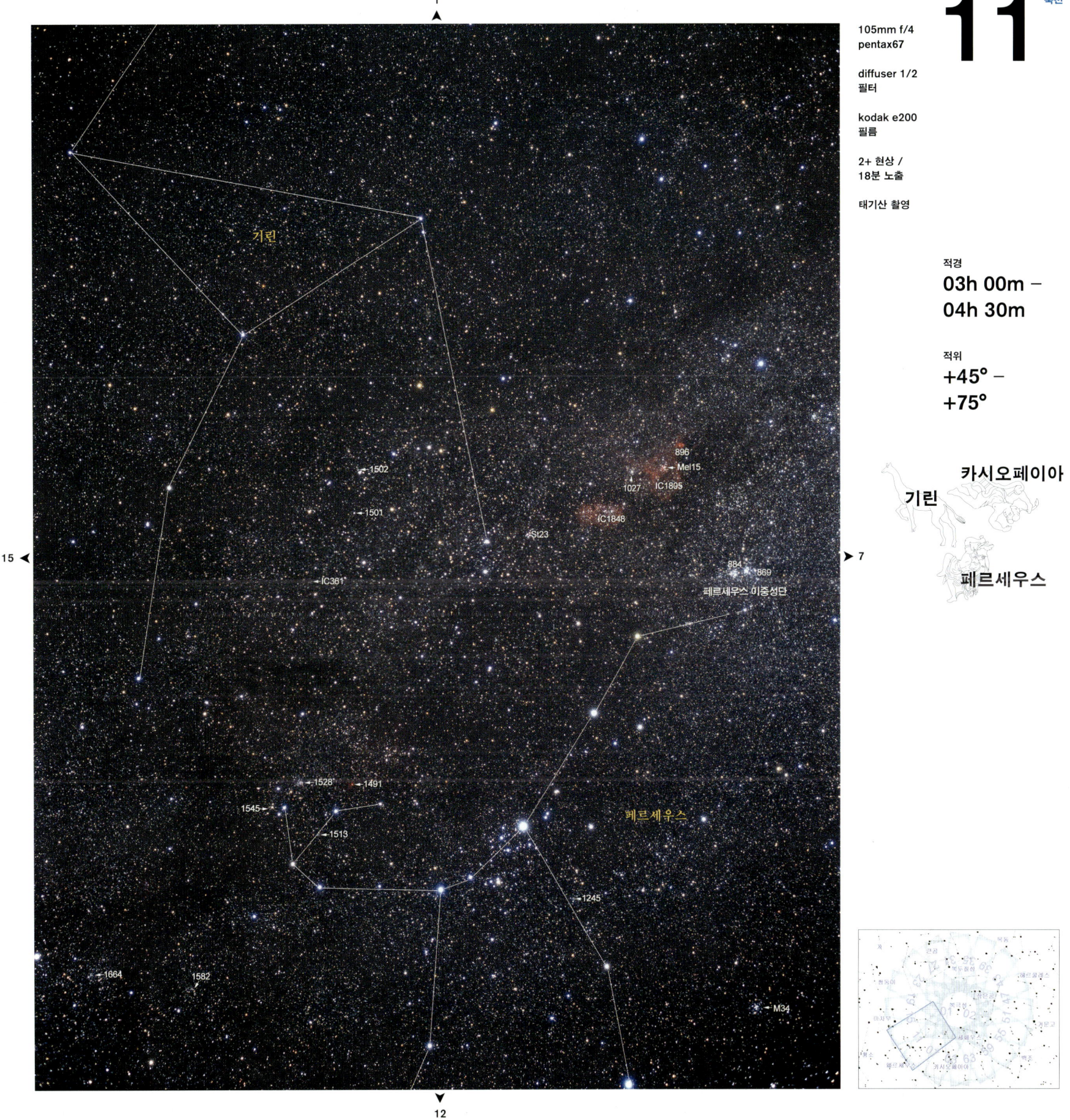

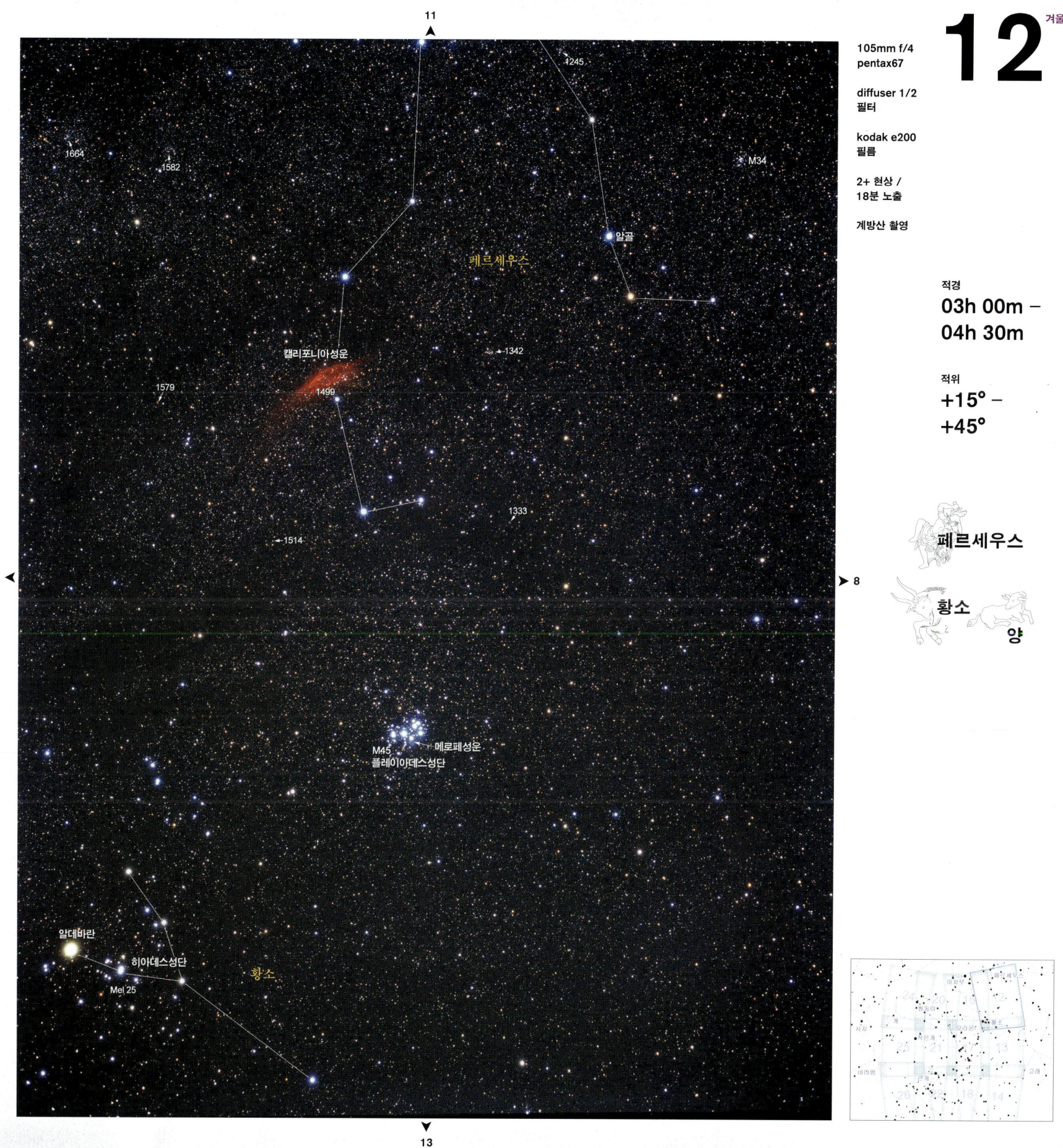

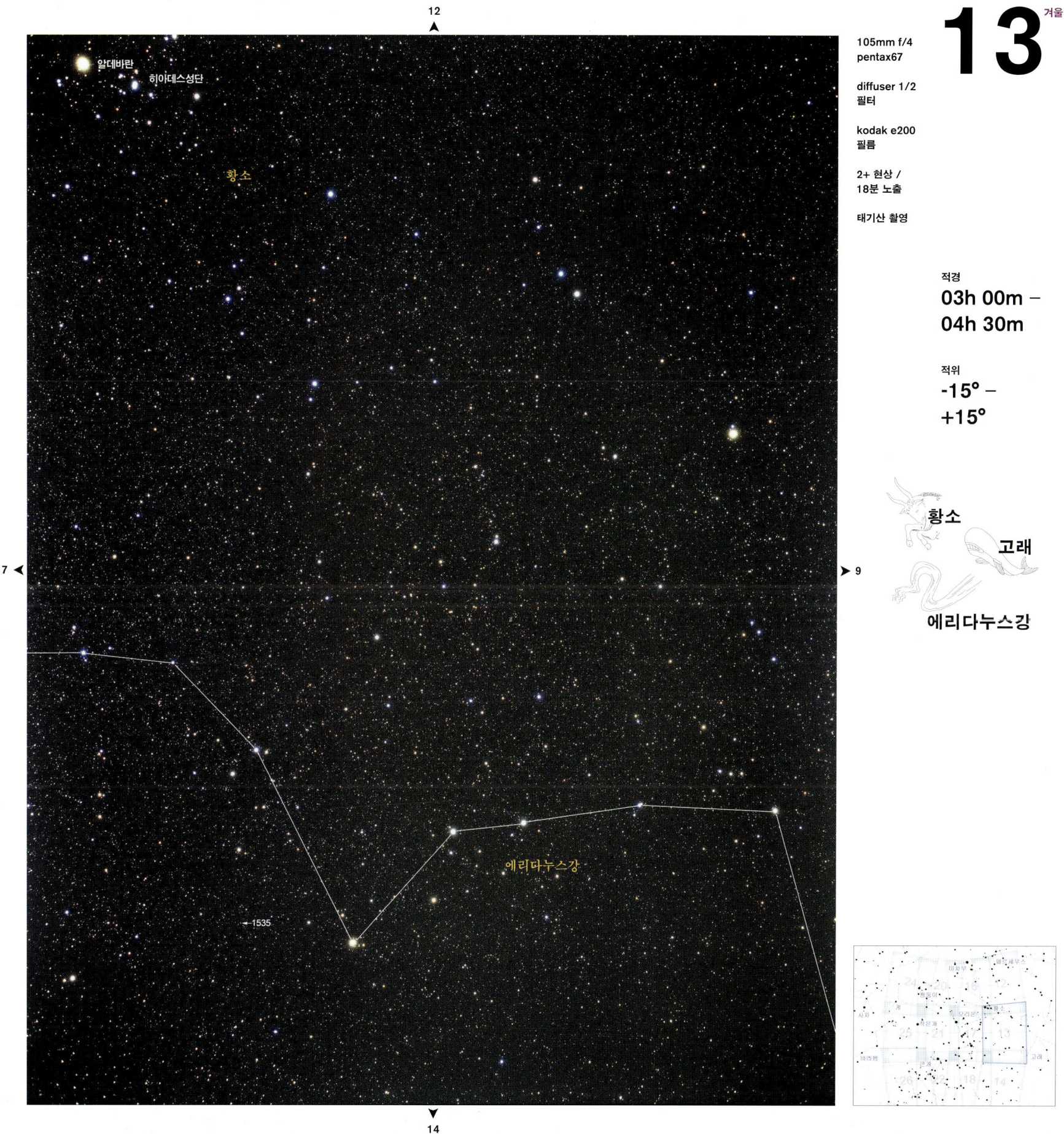

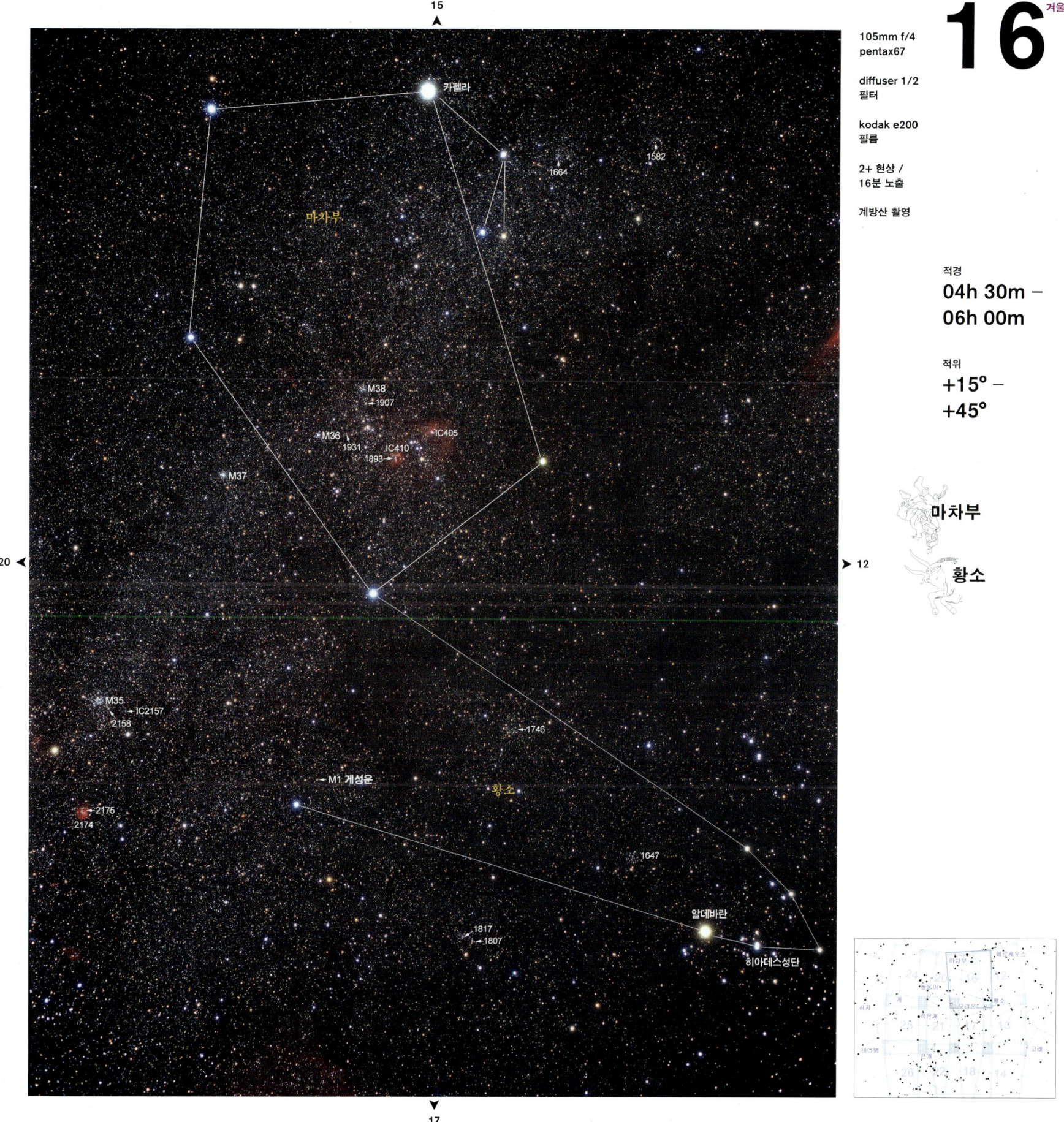

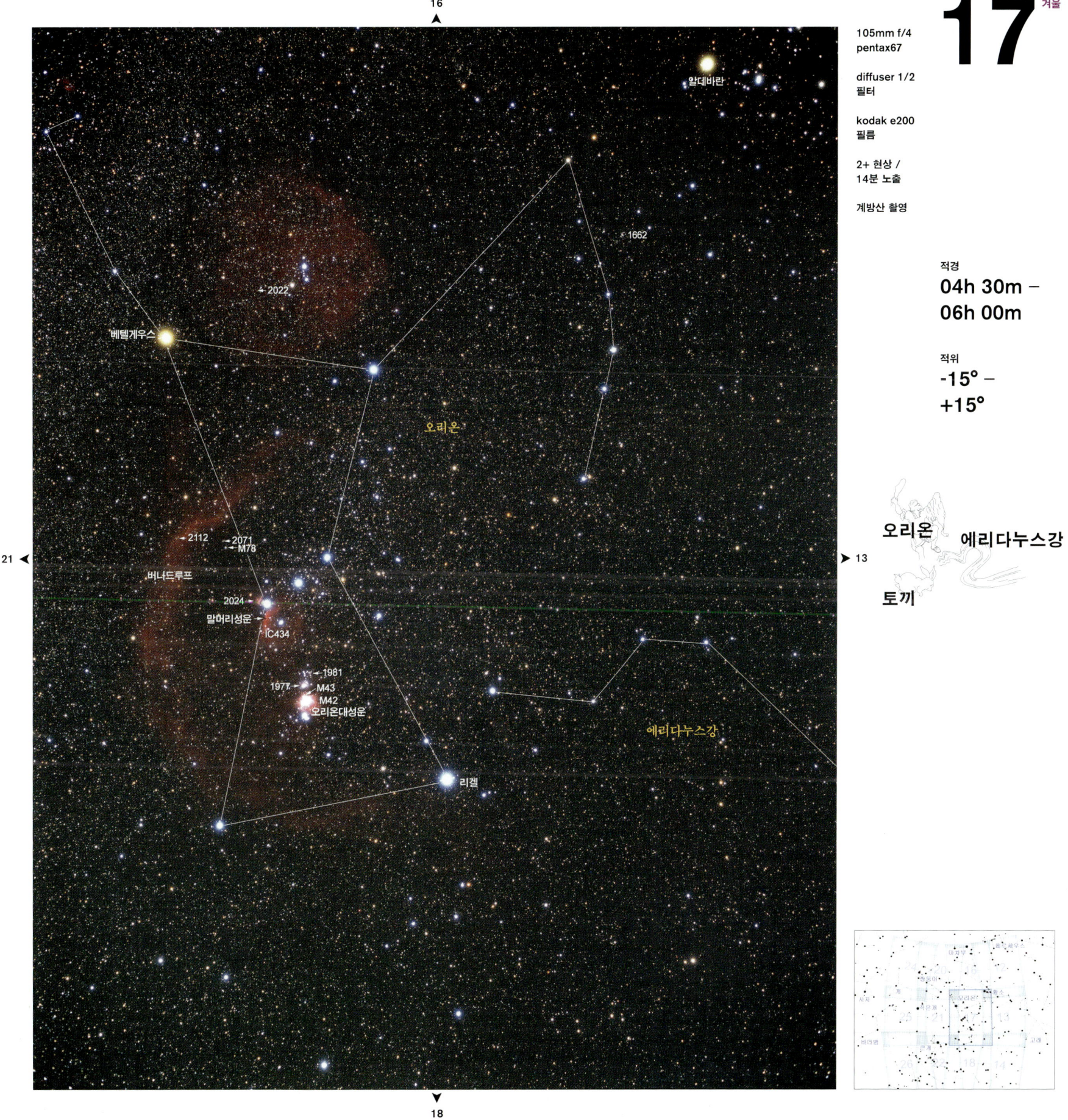

# 18 겨울

105mm f/4
pentax67

diffuser 1/2
필터

kodak e200
필름

2+ 현상 /
15분 노출

태기산 촬영

적경
**04h 30m –
06h 00m**

적위
**-40° –
-15°**

에리다누스강
토끼
비둘기

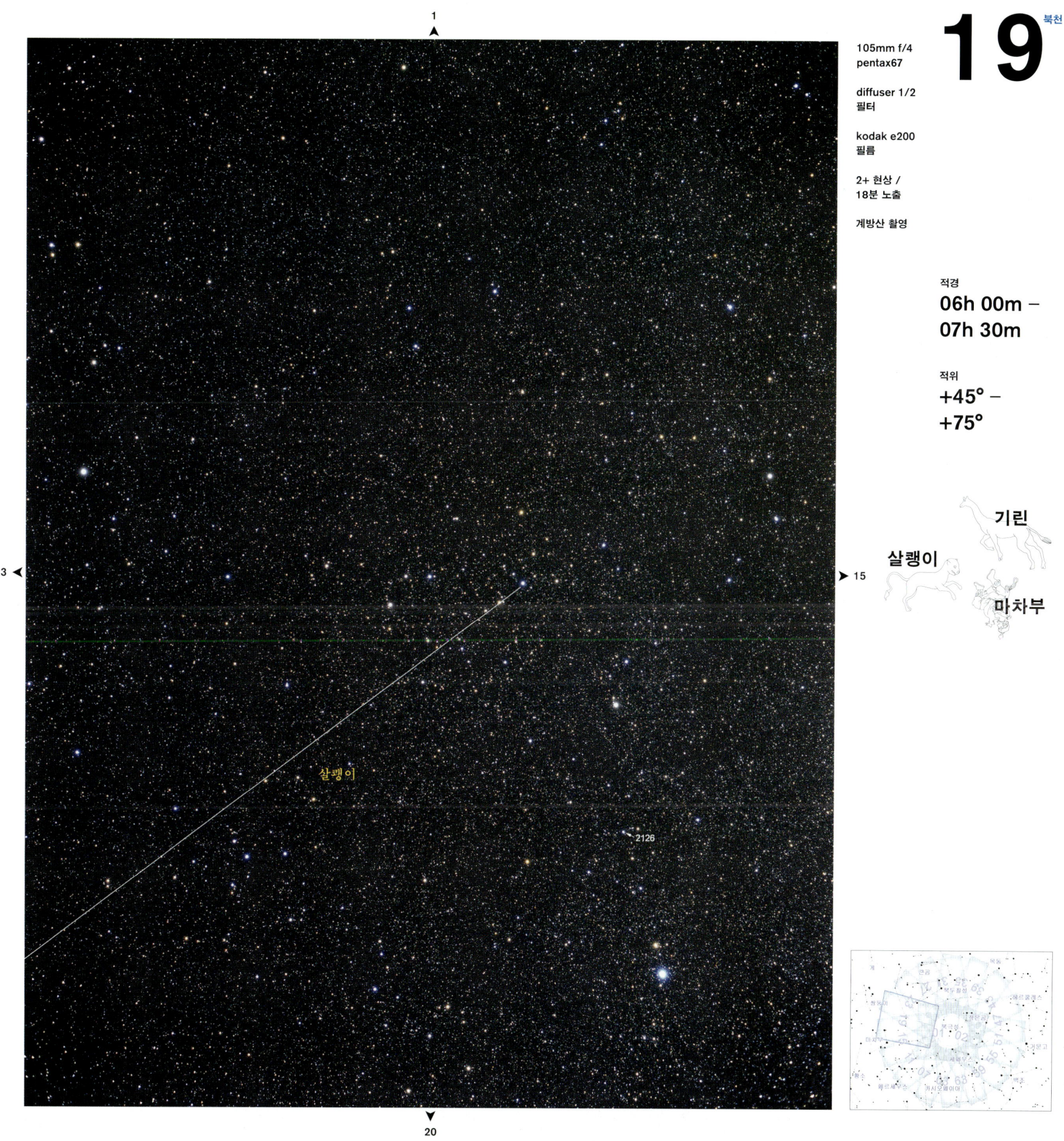

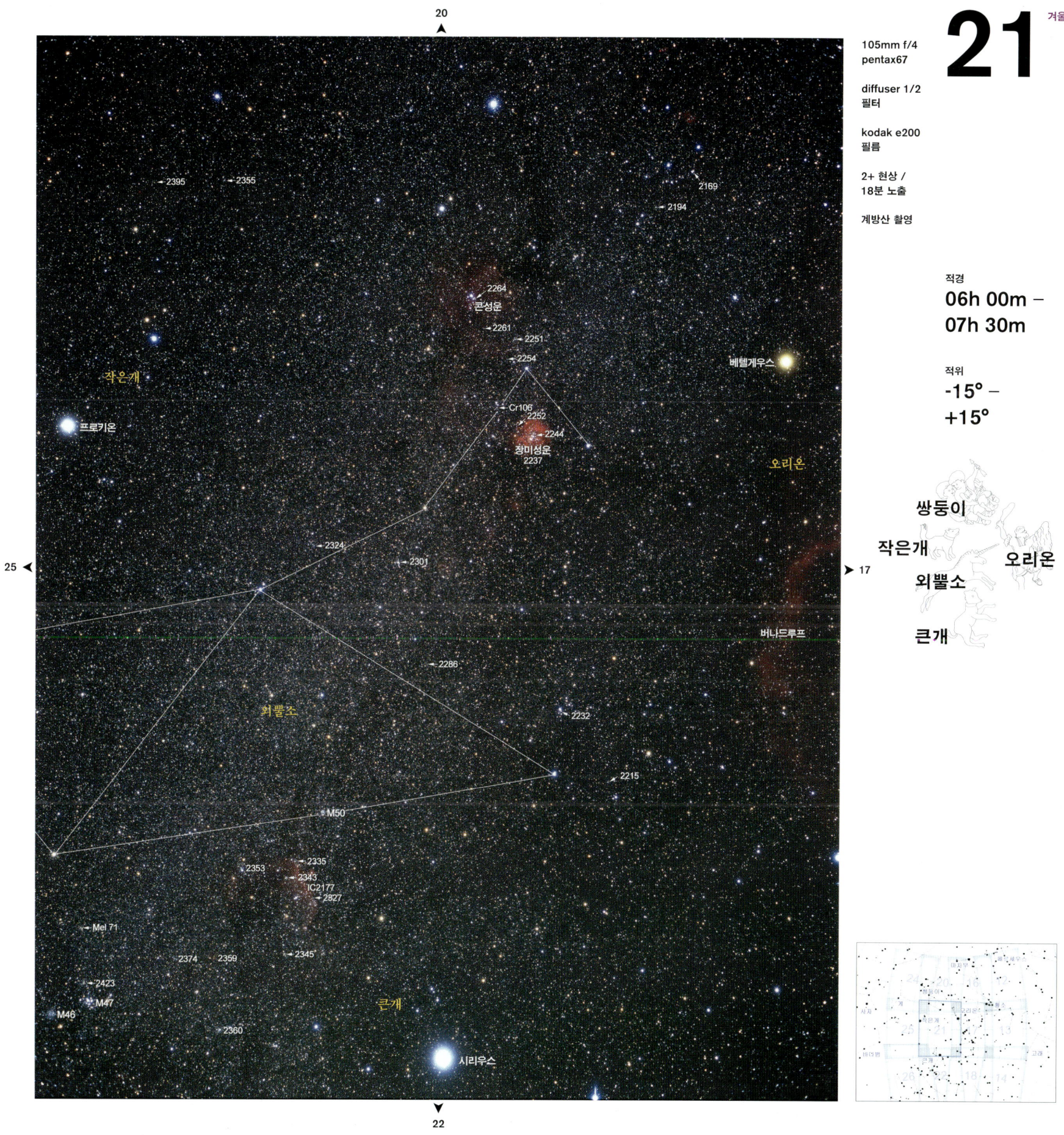

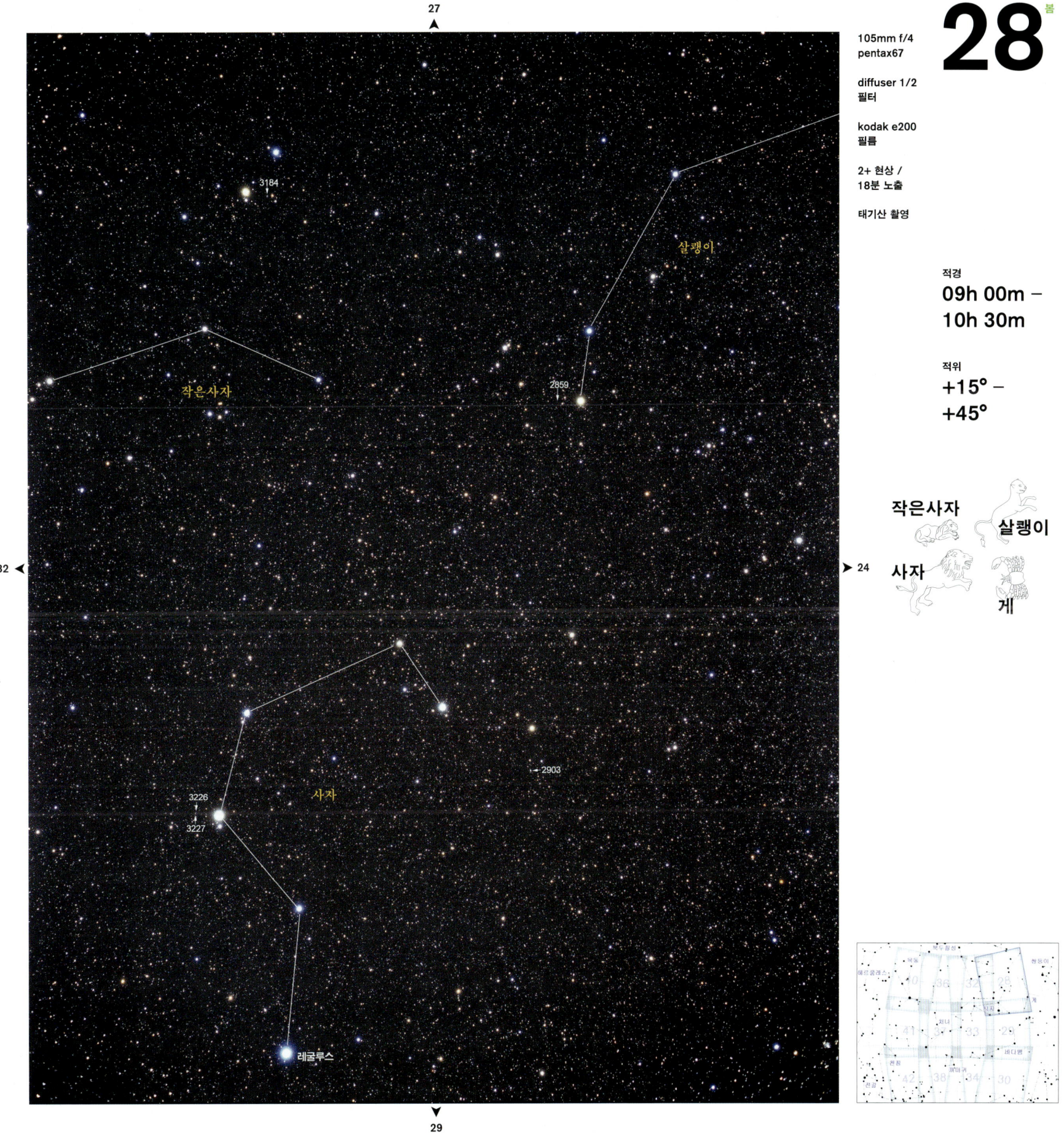

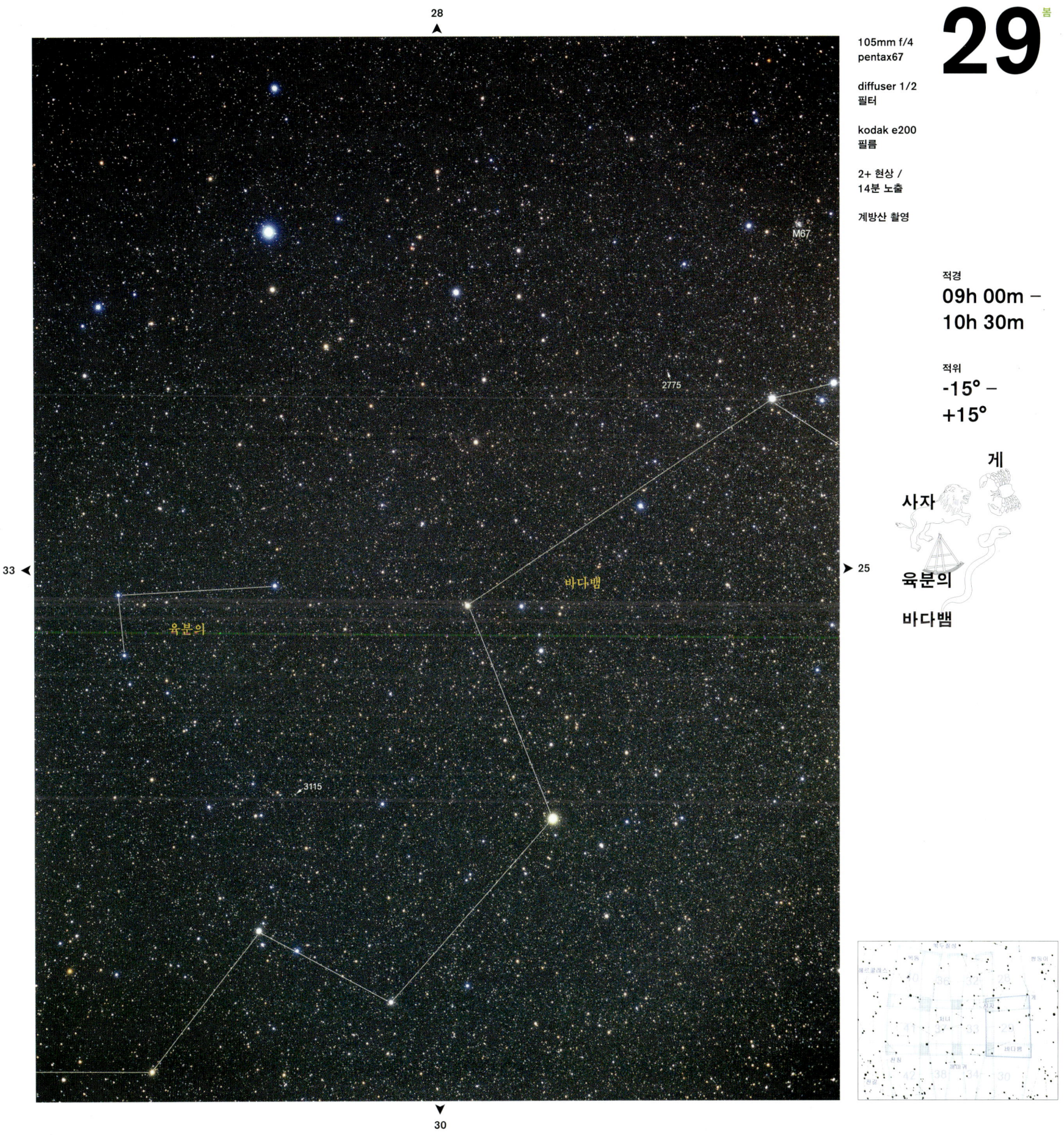

# 30 봄

105mm f/4
pentax67

diffuser 1/2
필터

kodak e200
필름

2+ 현상 /
12분 노출

계방산 촬영

적경
**09h 00m –
10h 30m**

적위
**-40° –
-15°**

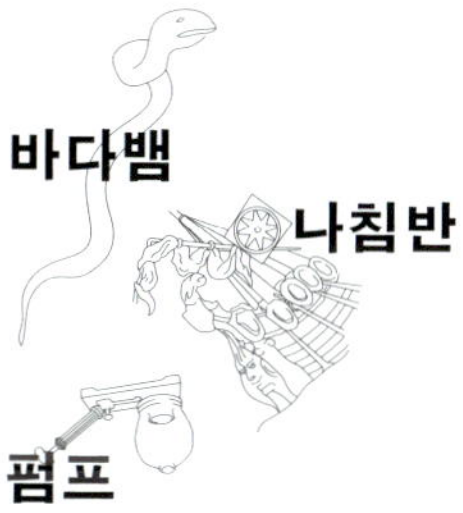

바다뱀  나침반

펌프

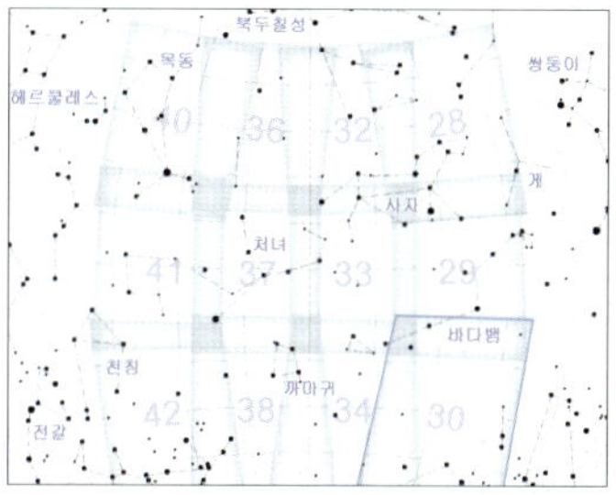

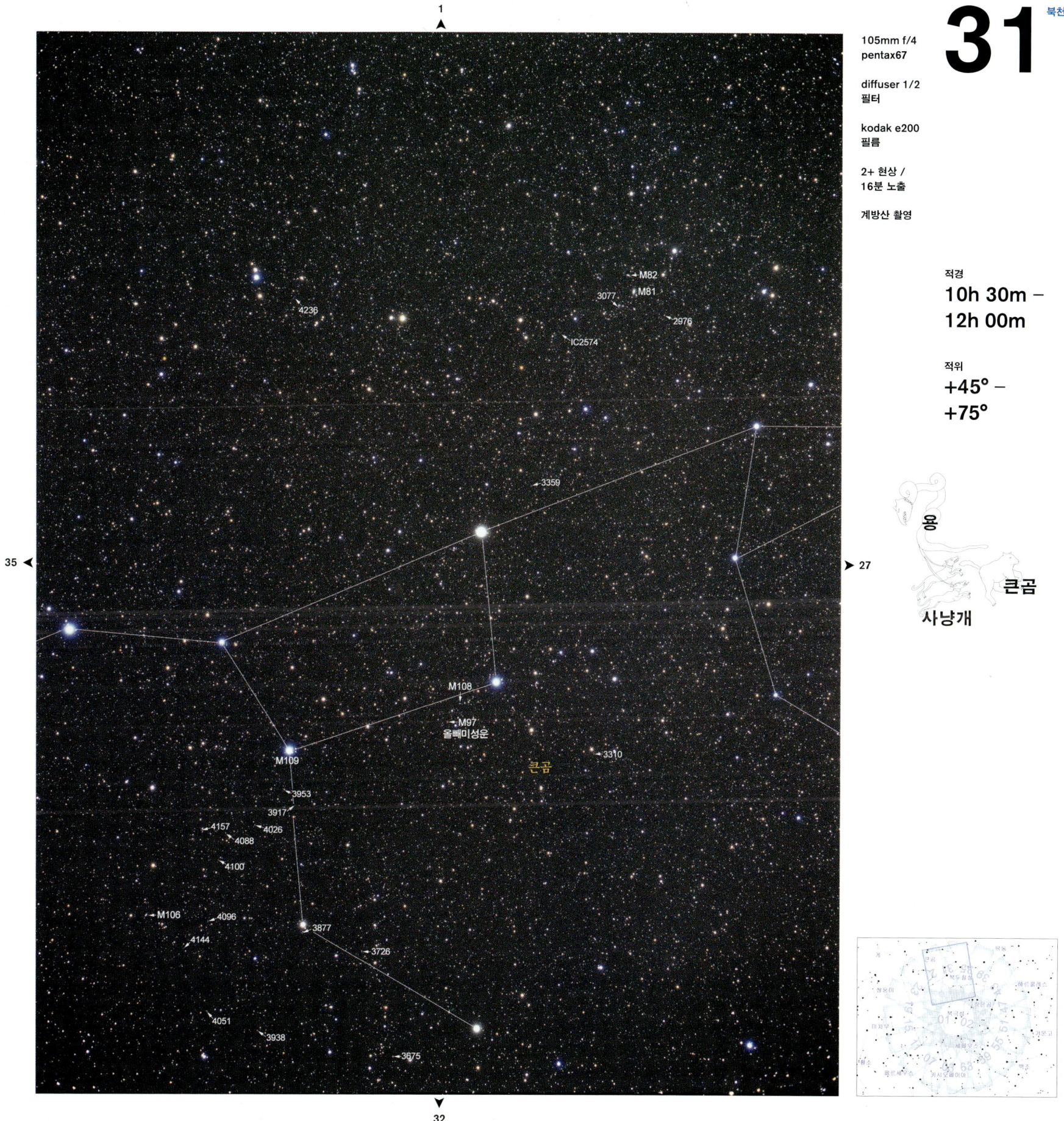

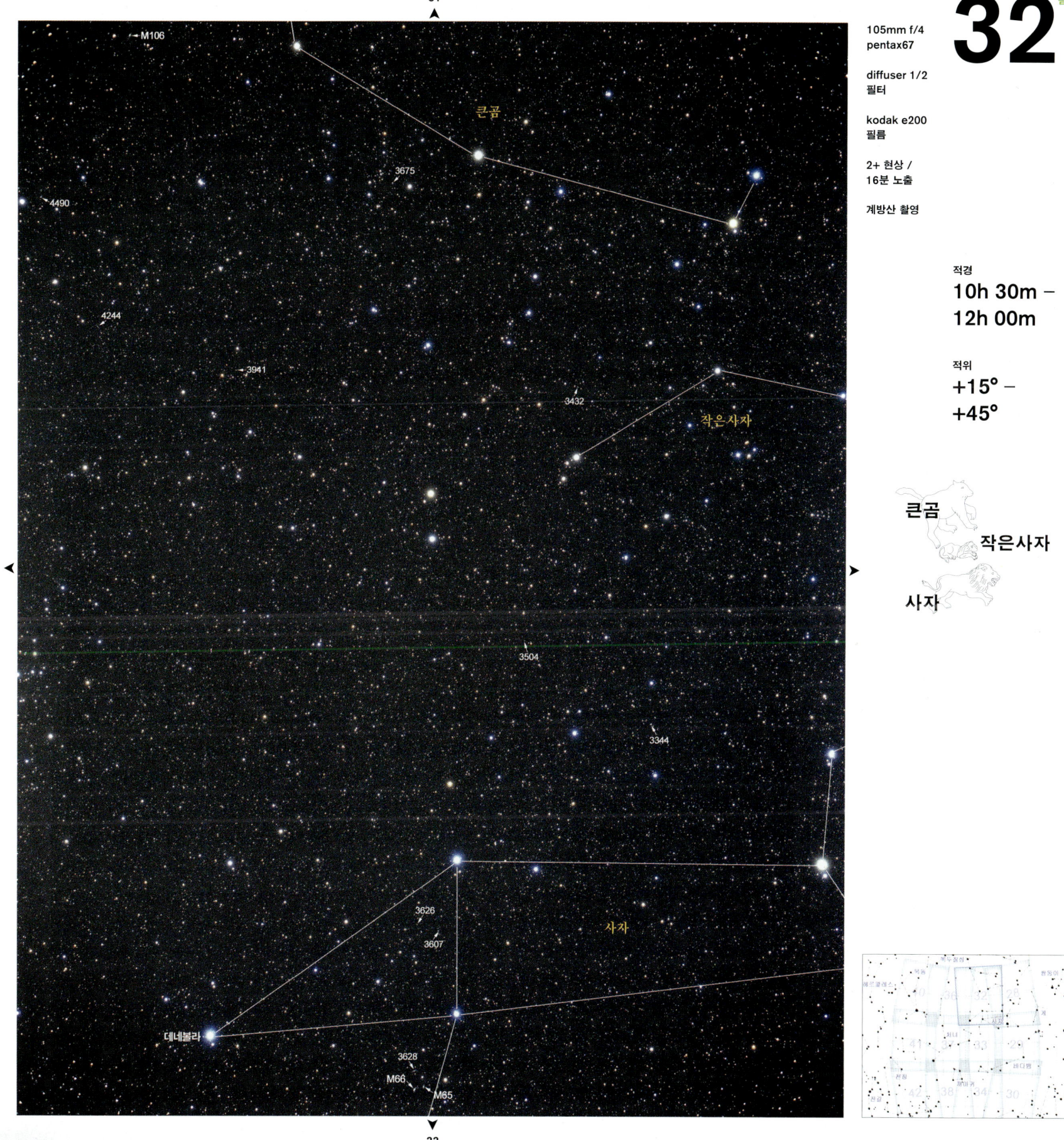

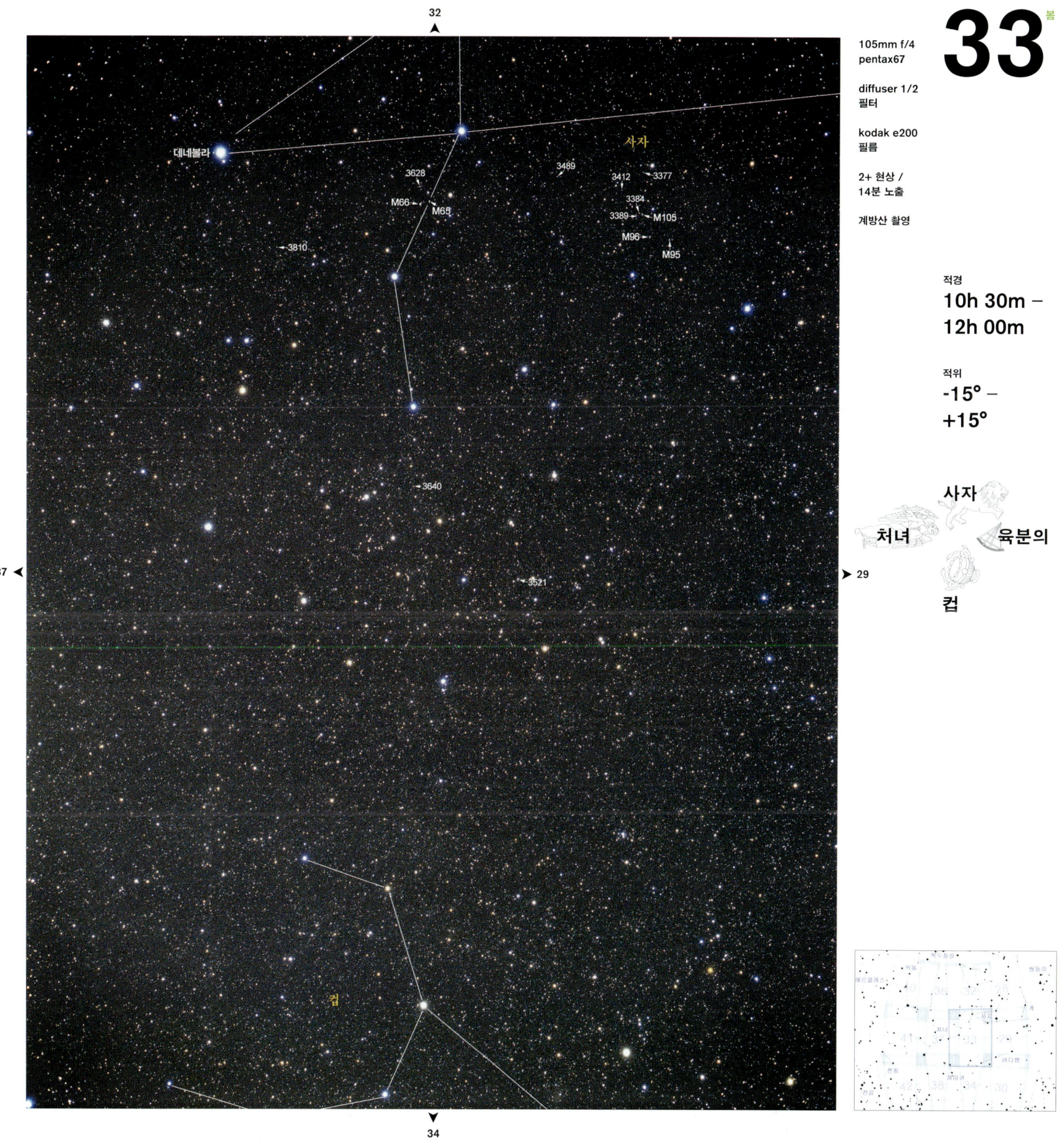

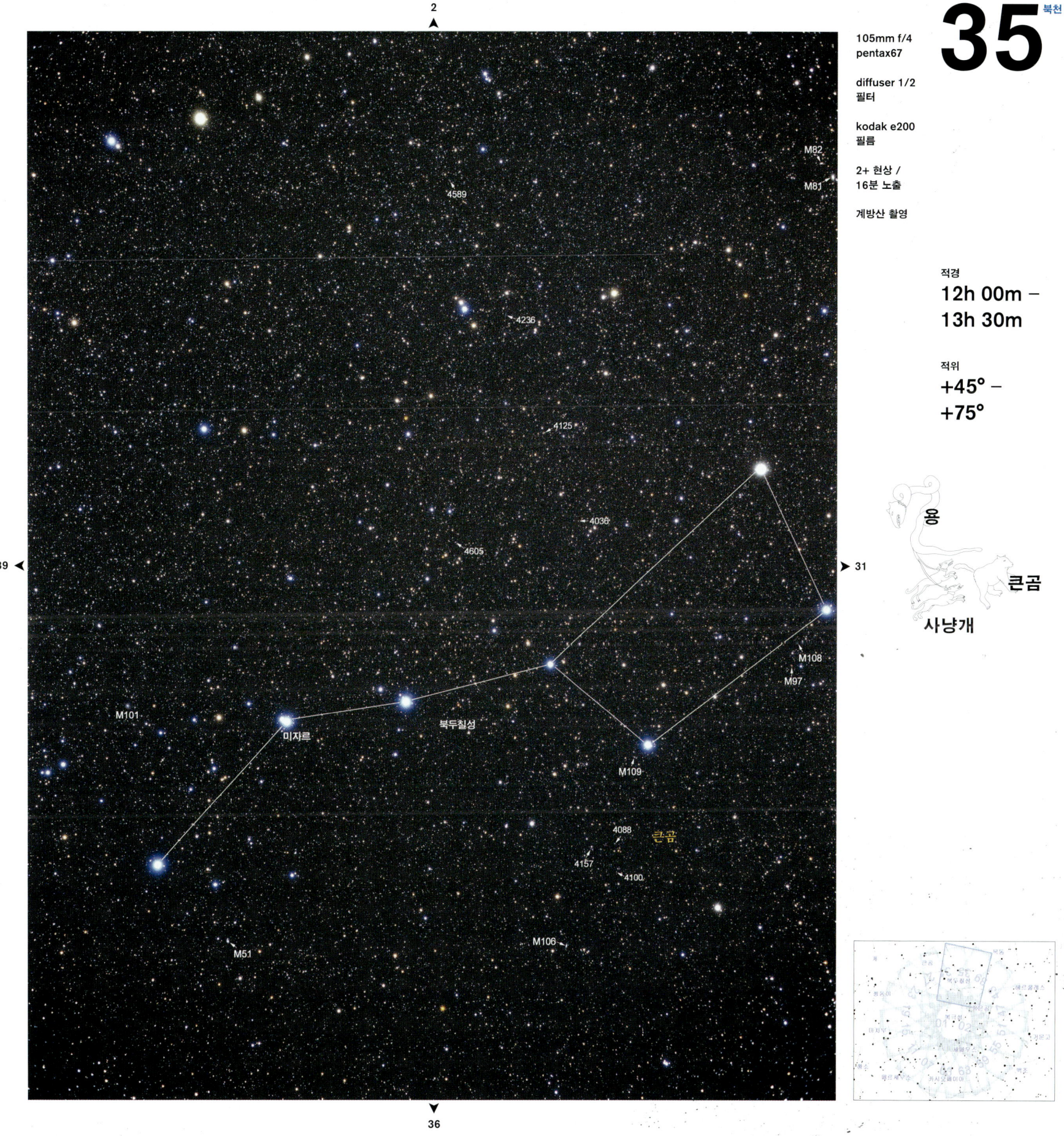

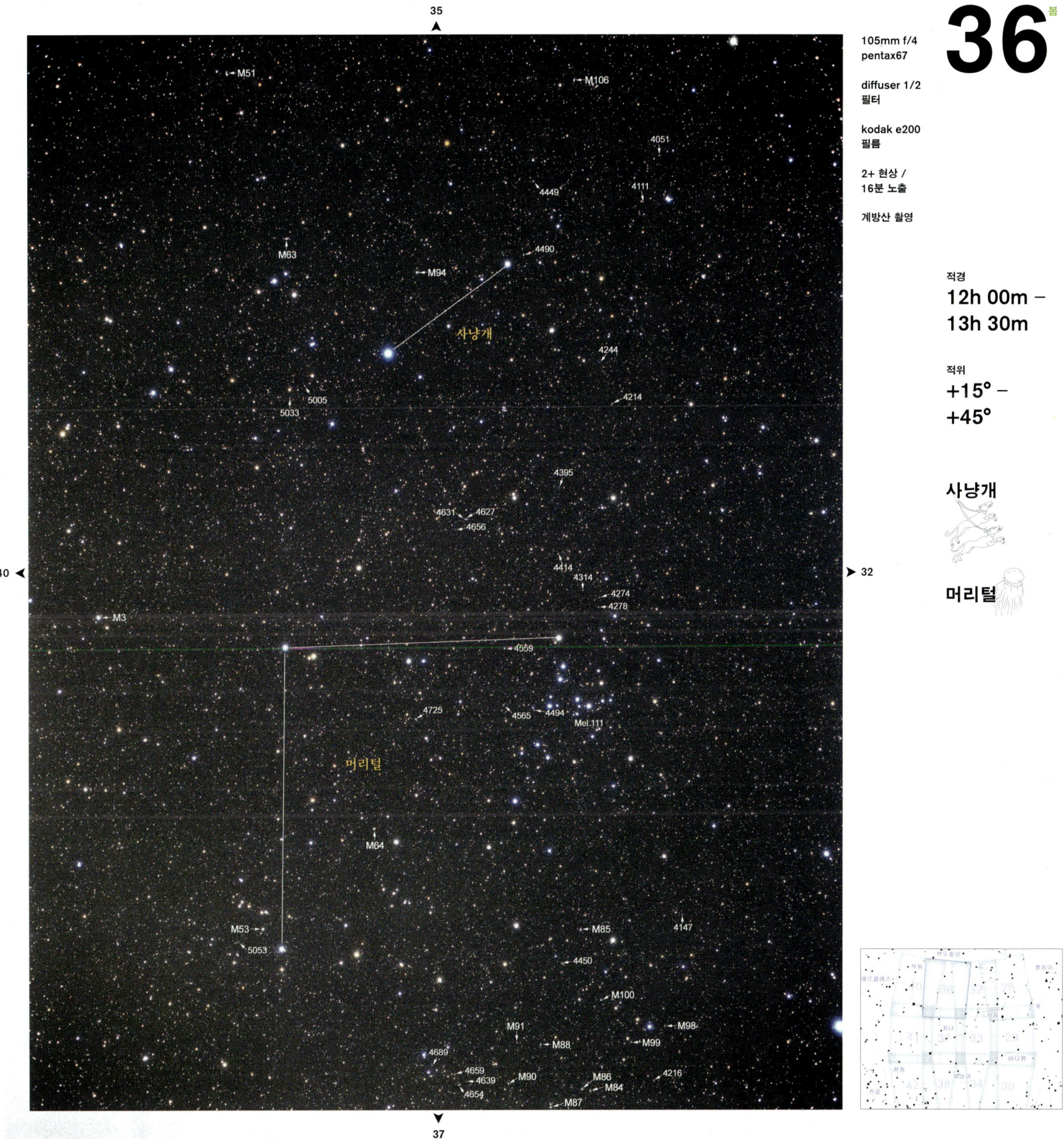

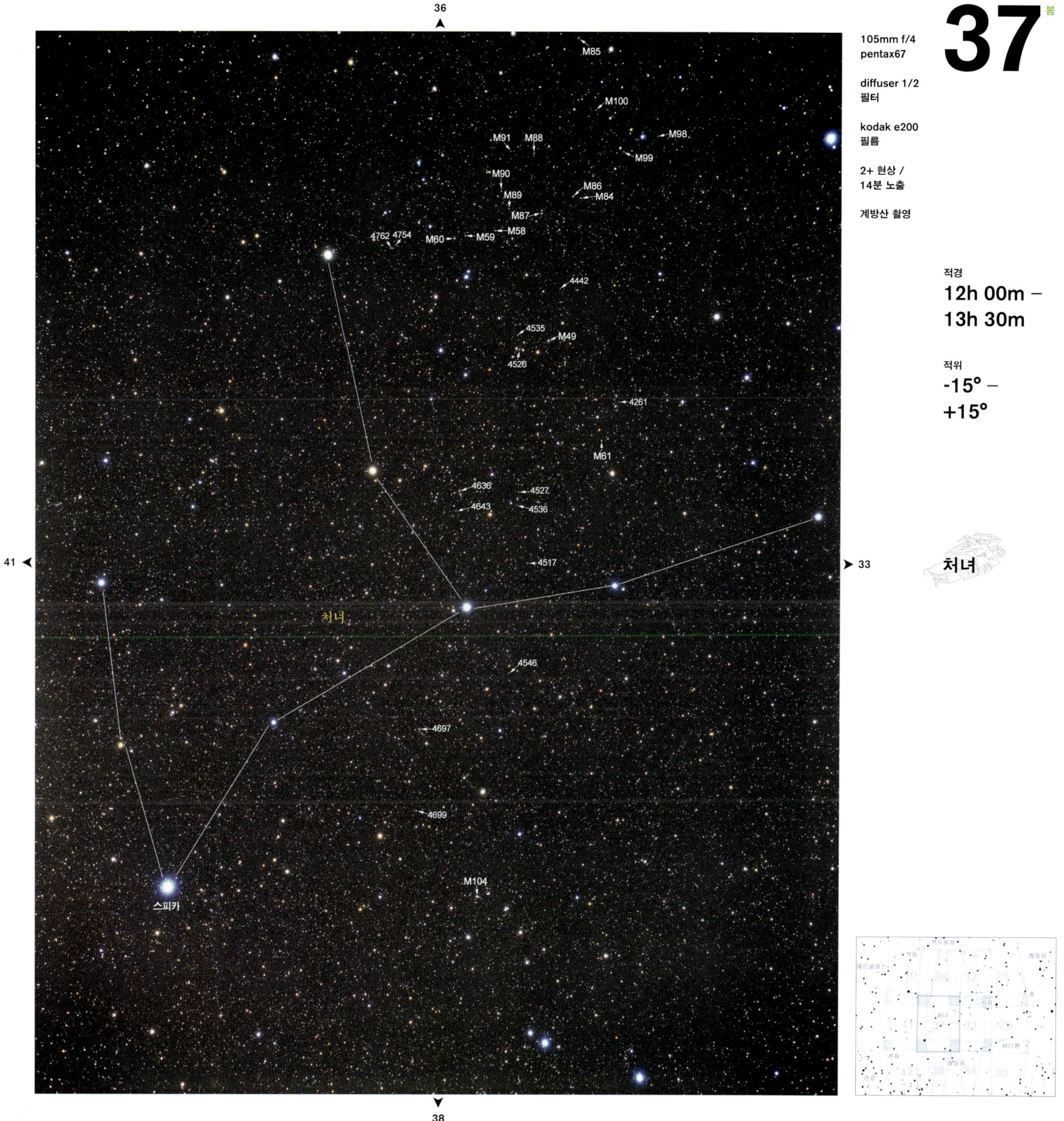

# 38 봄

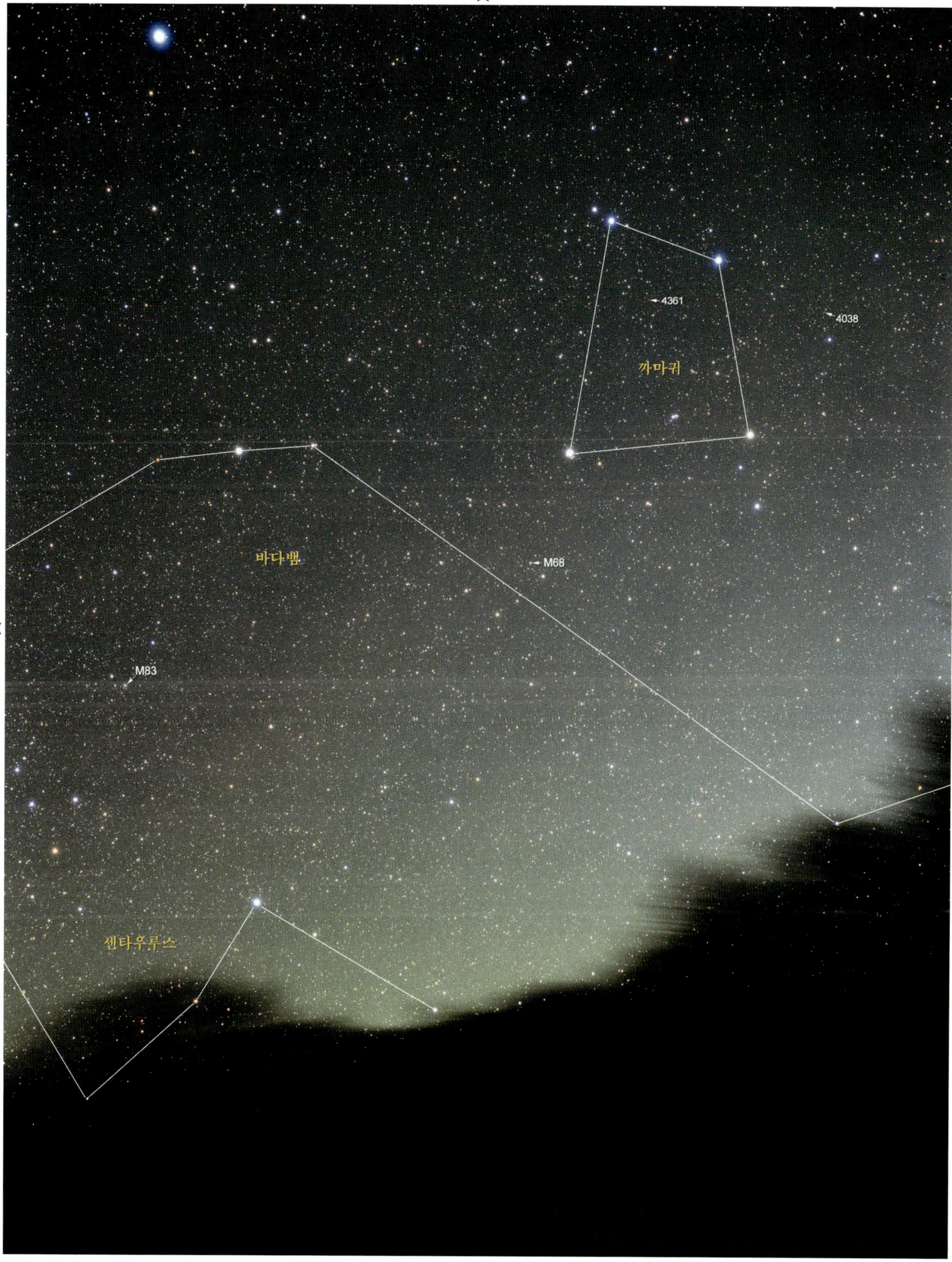

105mm f/4
pentax67

diffuser 1/2
필터

kodak e200
필름

2+ 현상 /
12분 노출

계방산 촬영

적경
**12h 00m –
13h 30m**

적위
**-40° –
-15°**

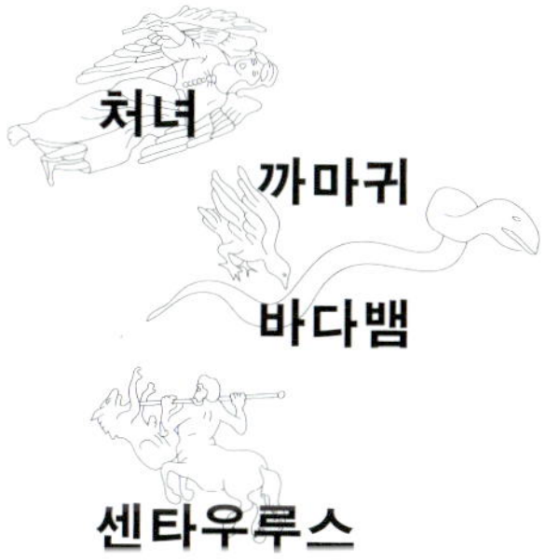

처녀
까마귀
바다뱀
센타우루스

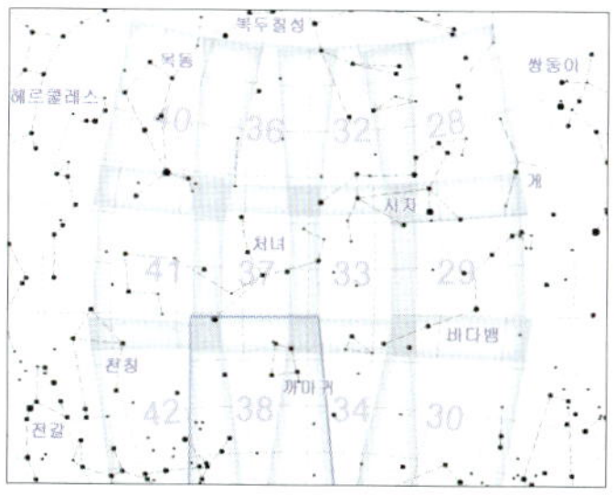

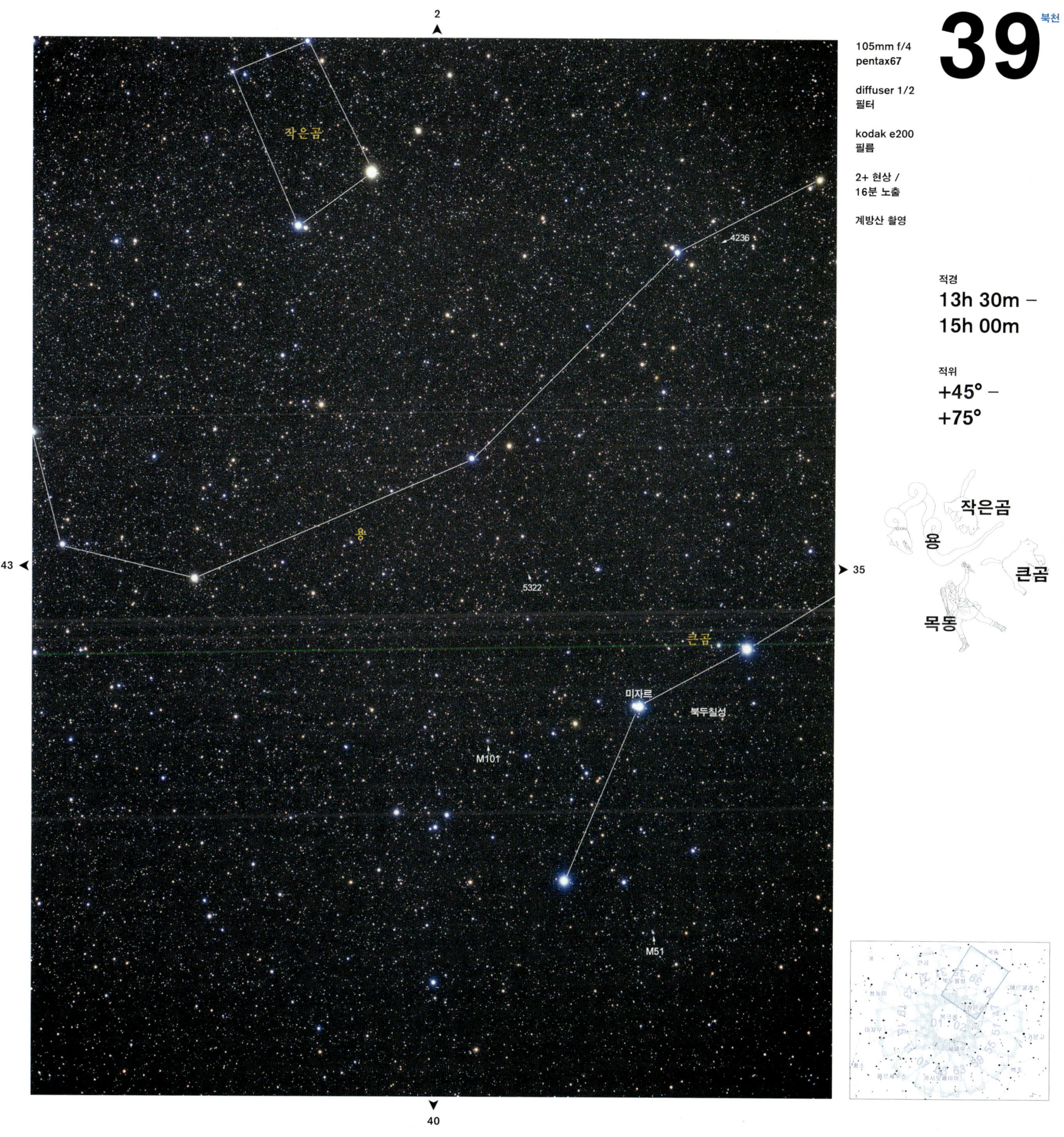

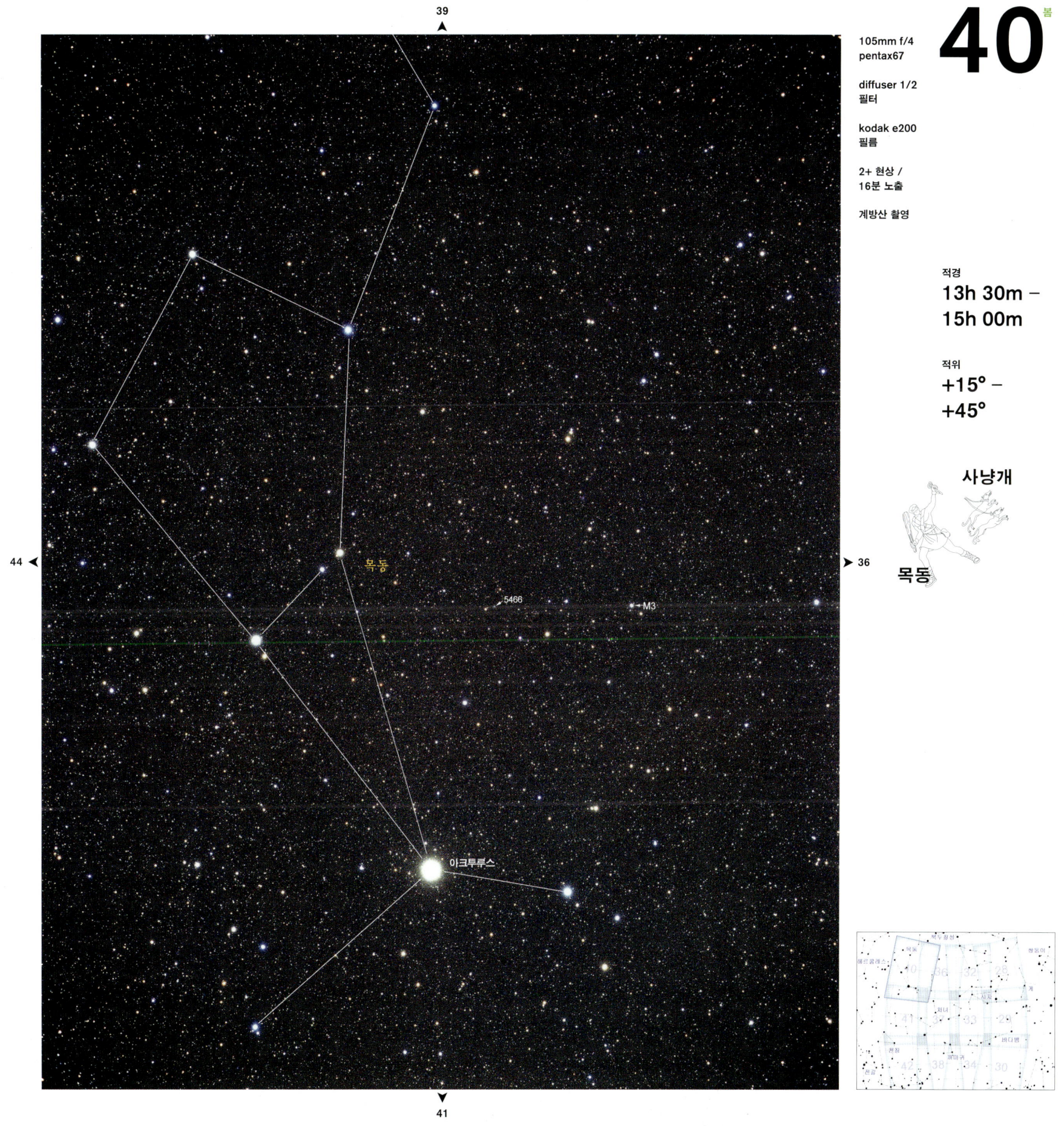

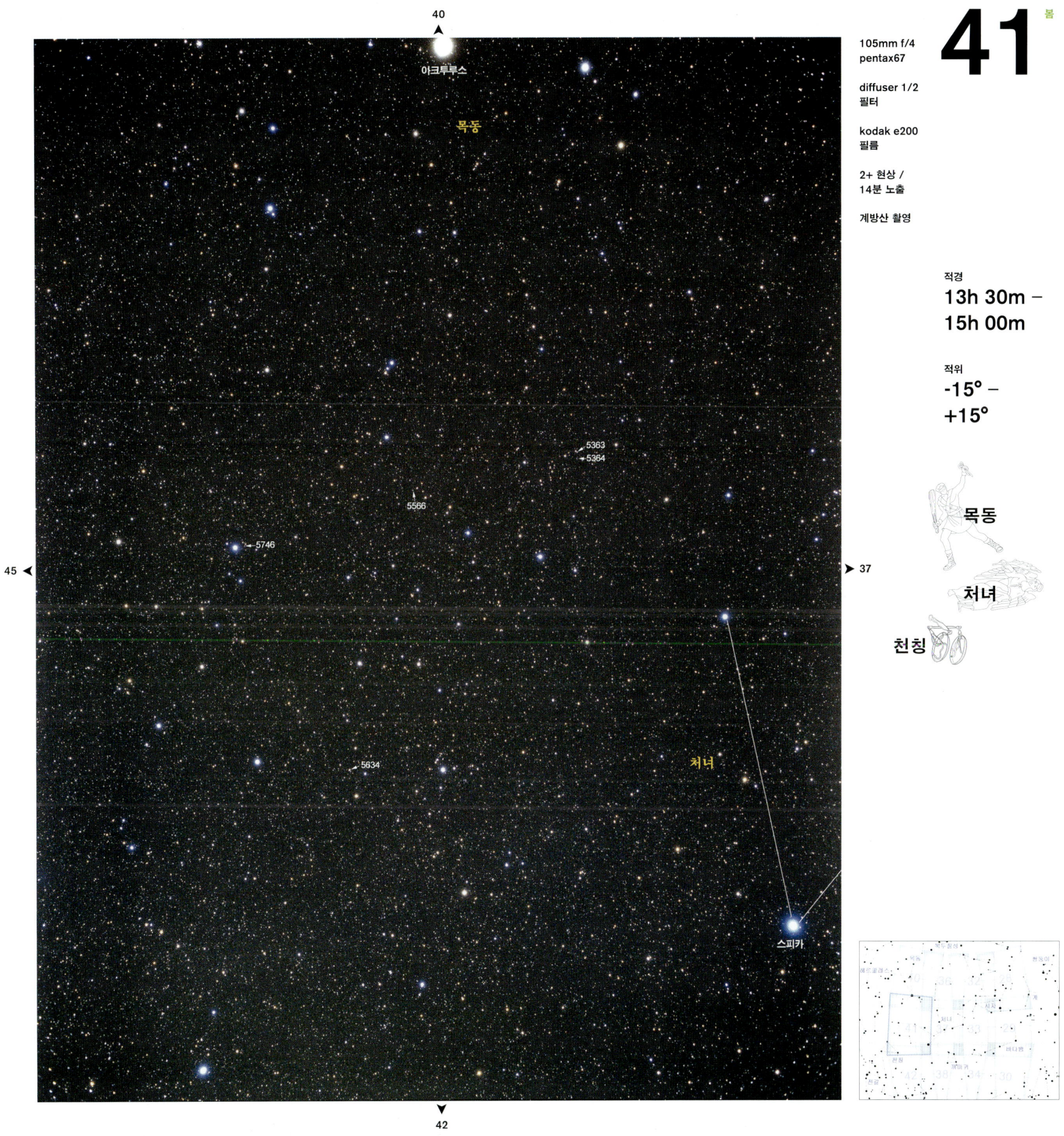

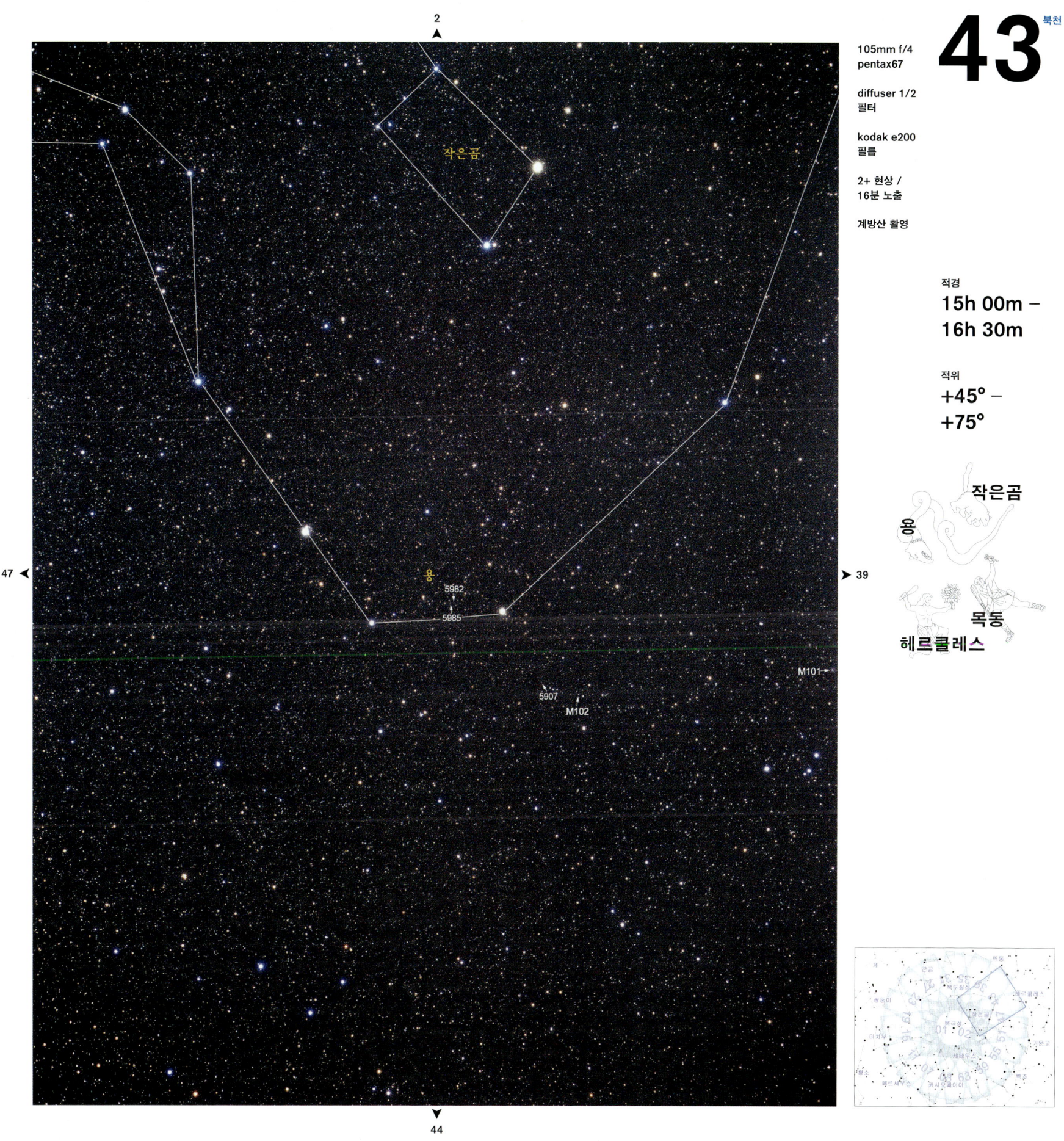

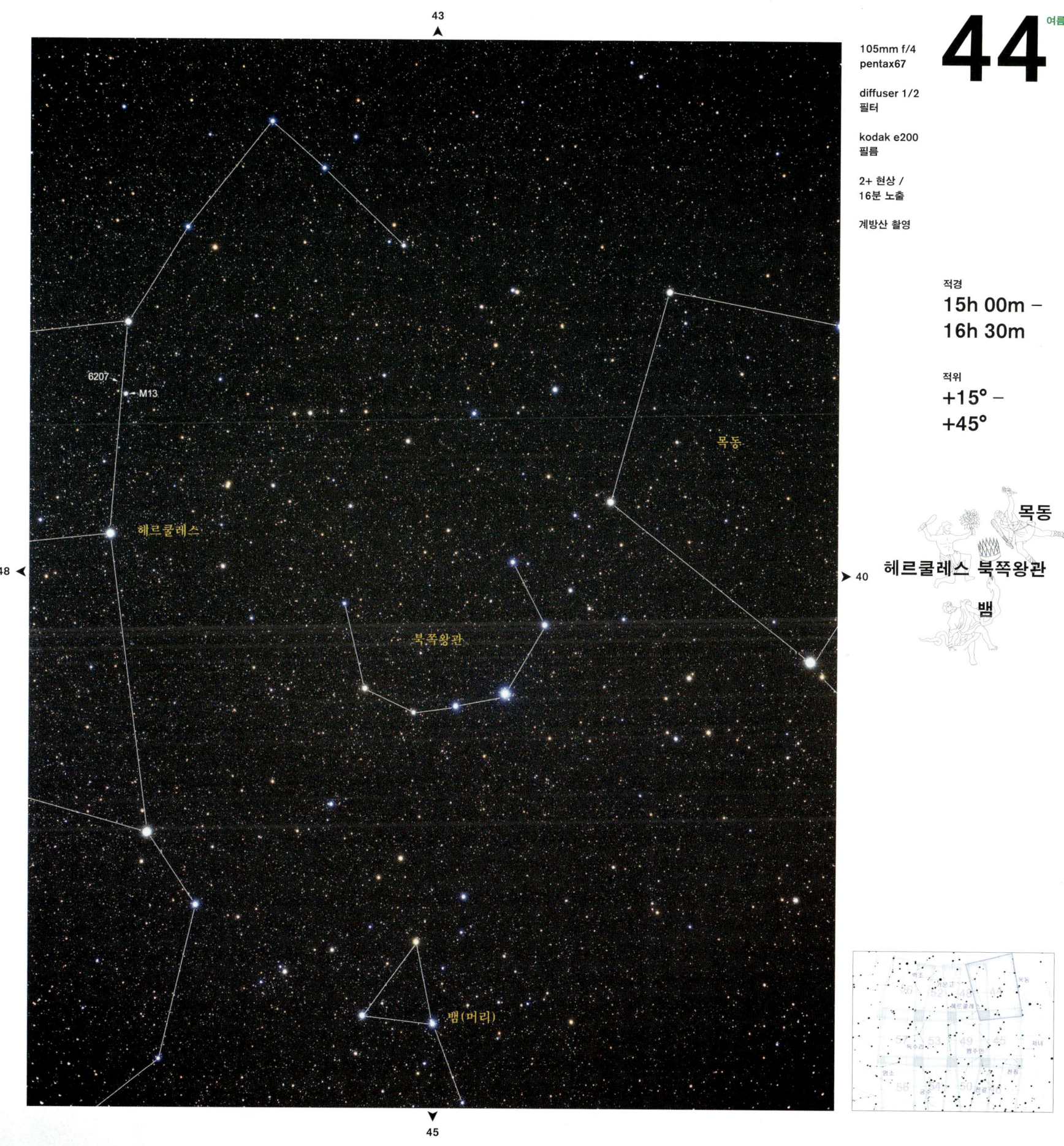

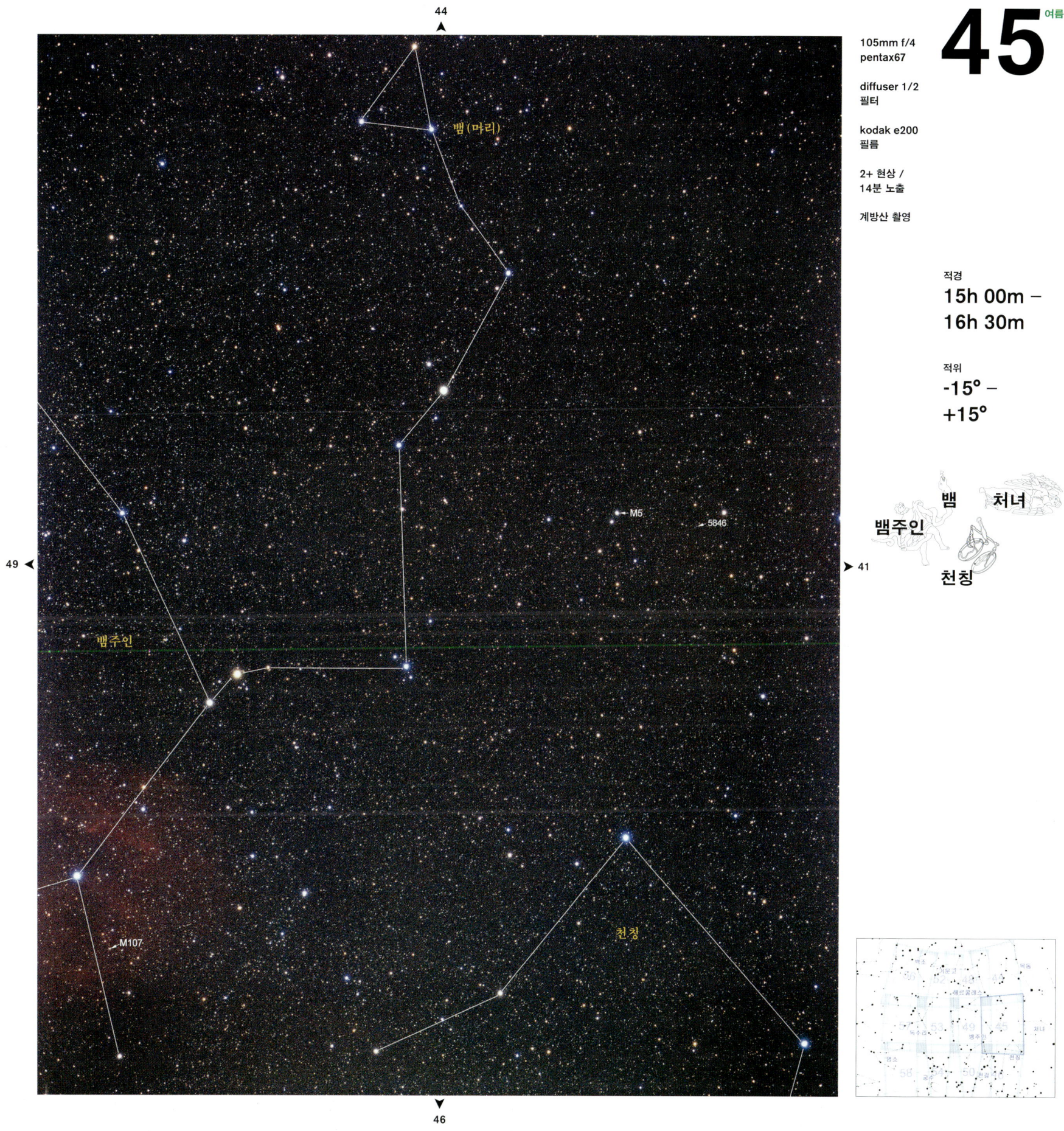

105mm f/4
pentax67

diffuser 1/2
필터

kodak e200
필름

2+ 현상 /
12분 노출

계방산 촬영

적경
**15h 00m –
16h 30m**

적위
**-45° –
-15°**

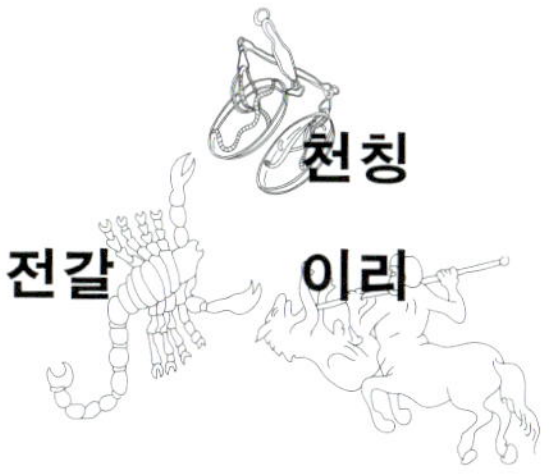

천칭
전갈  이리

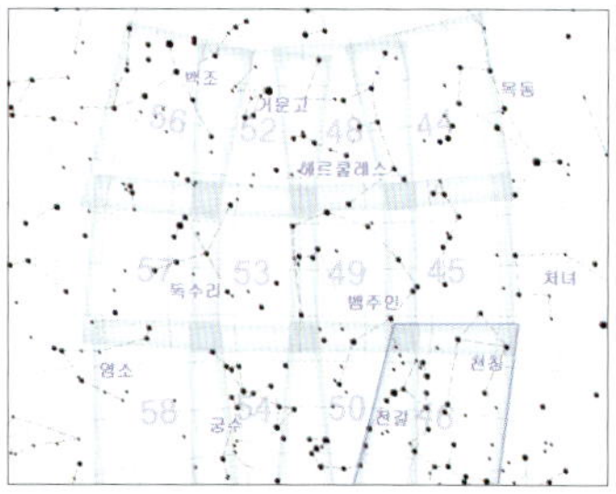

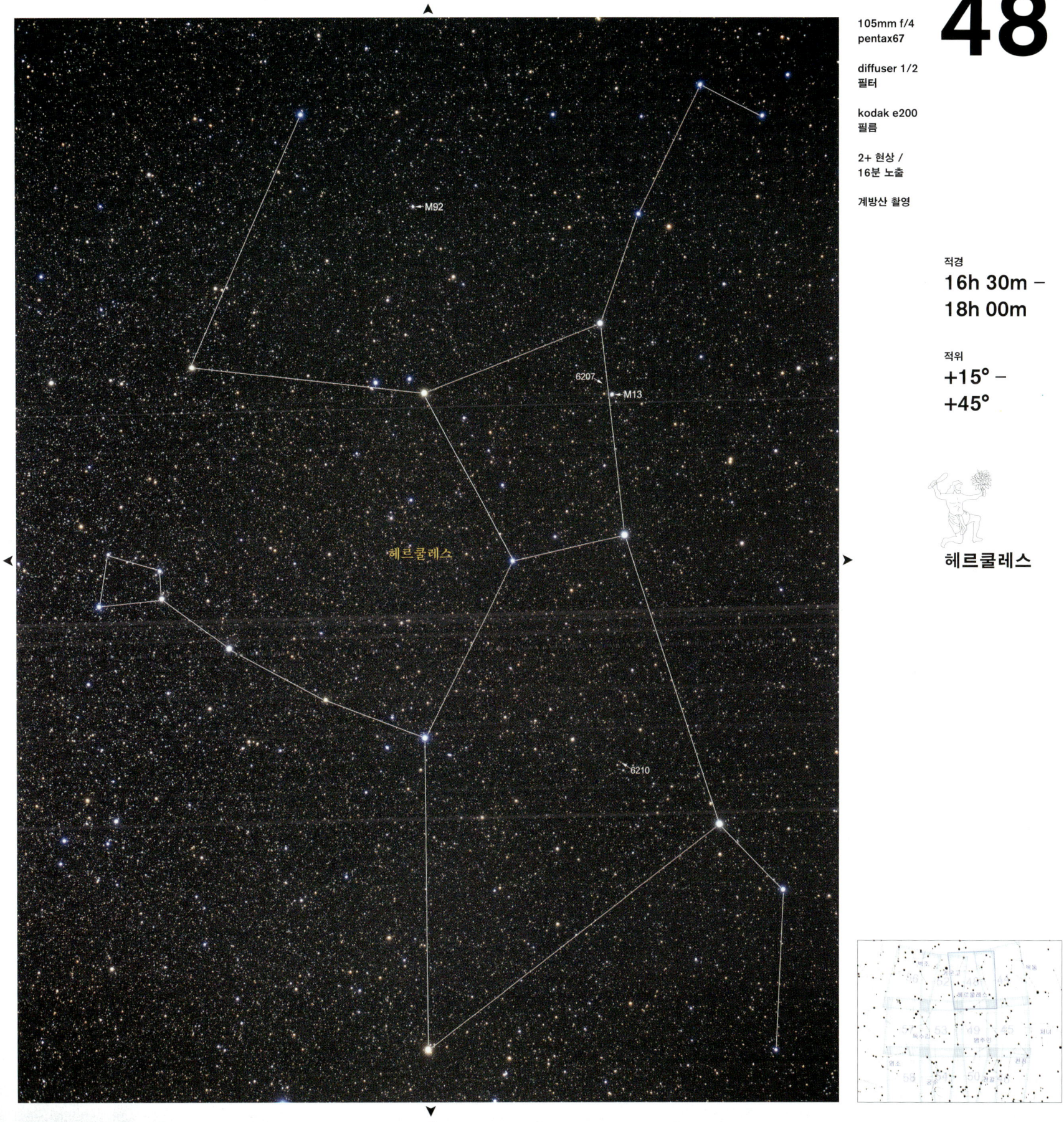

# 48 여름

105mm f/4
pentax67

diffuser 1/2
필터

kodak e200
필름

2+ 현상 /
16분 노출

계방산 촬영

적경
**16h 30m −
18h 00m**

적위
**+15° −
+45°**

헤르쿨레스

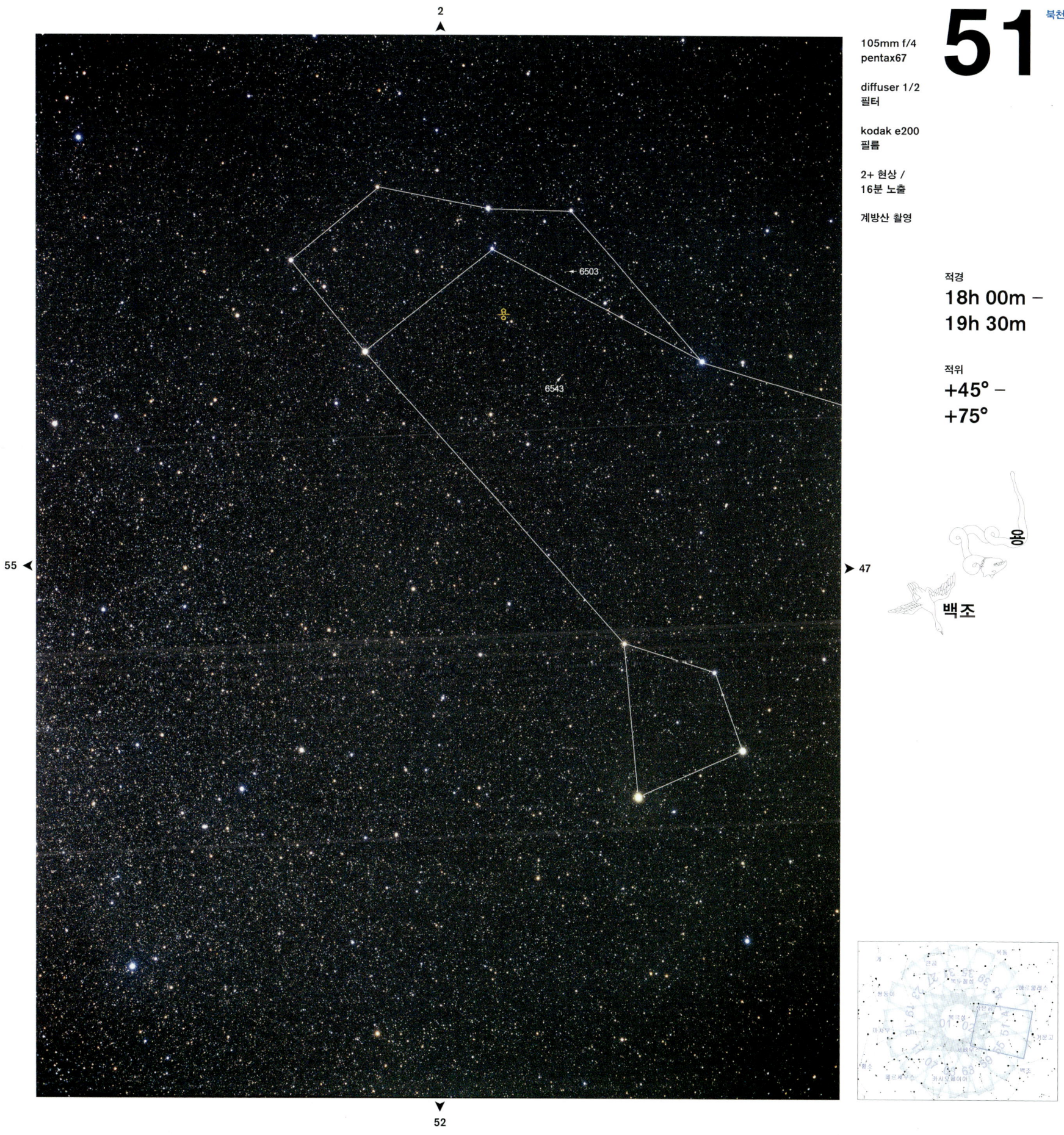

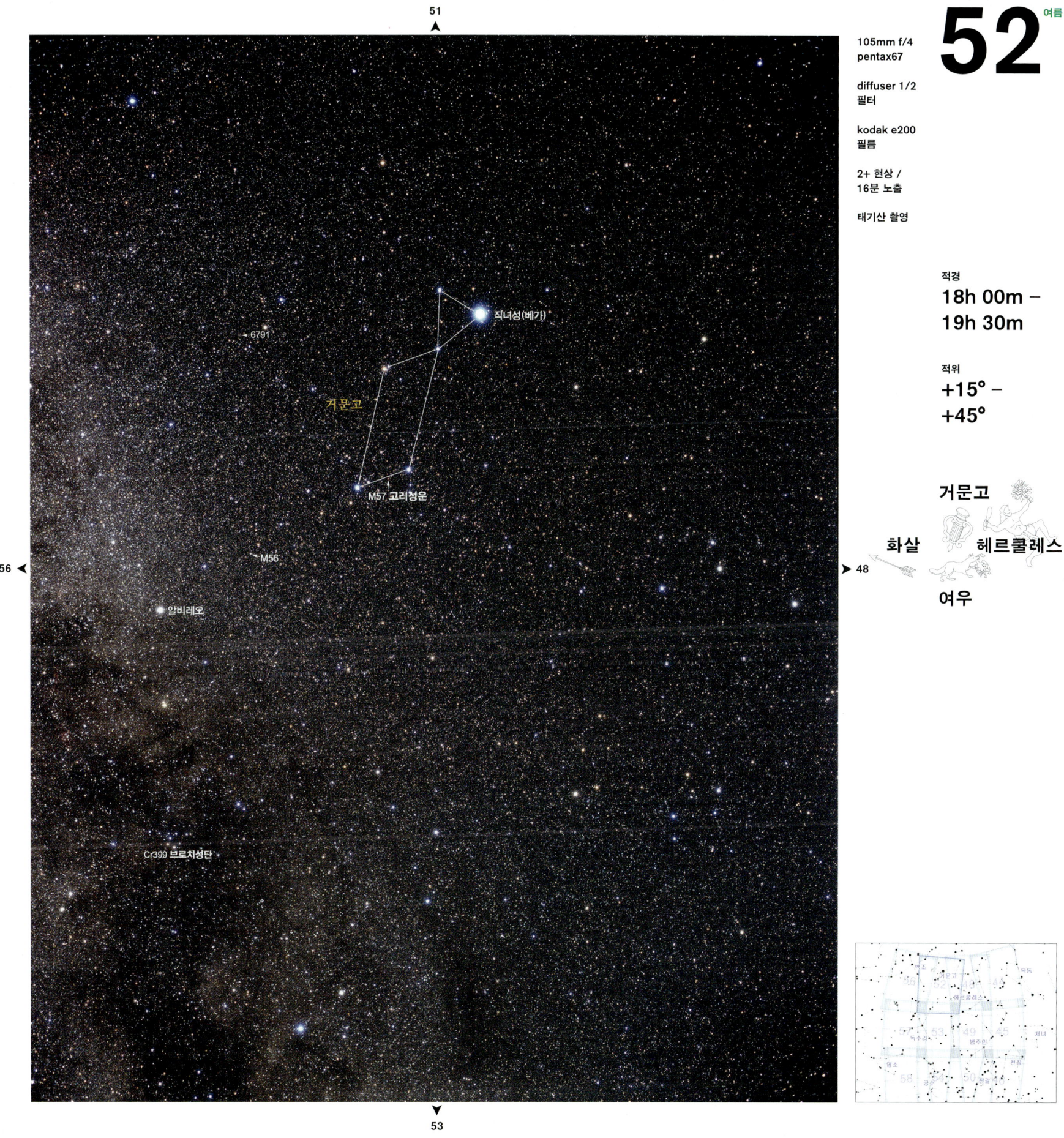

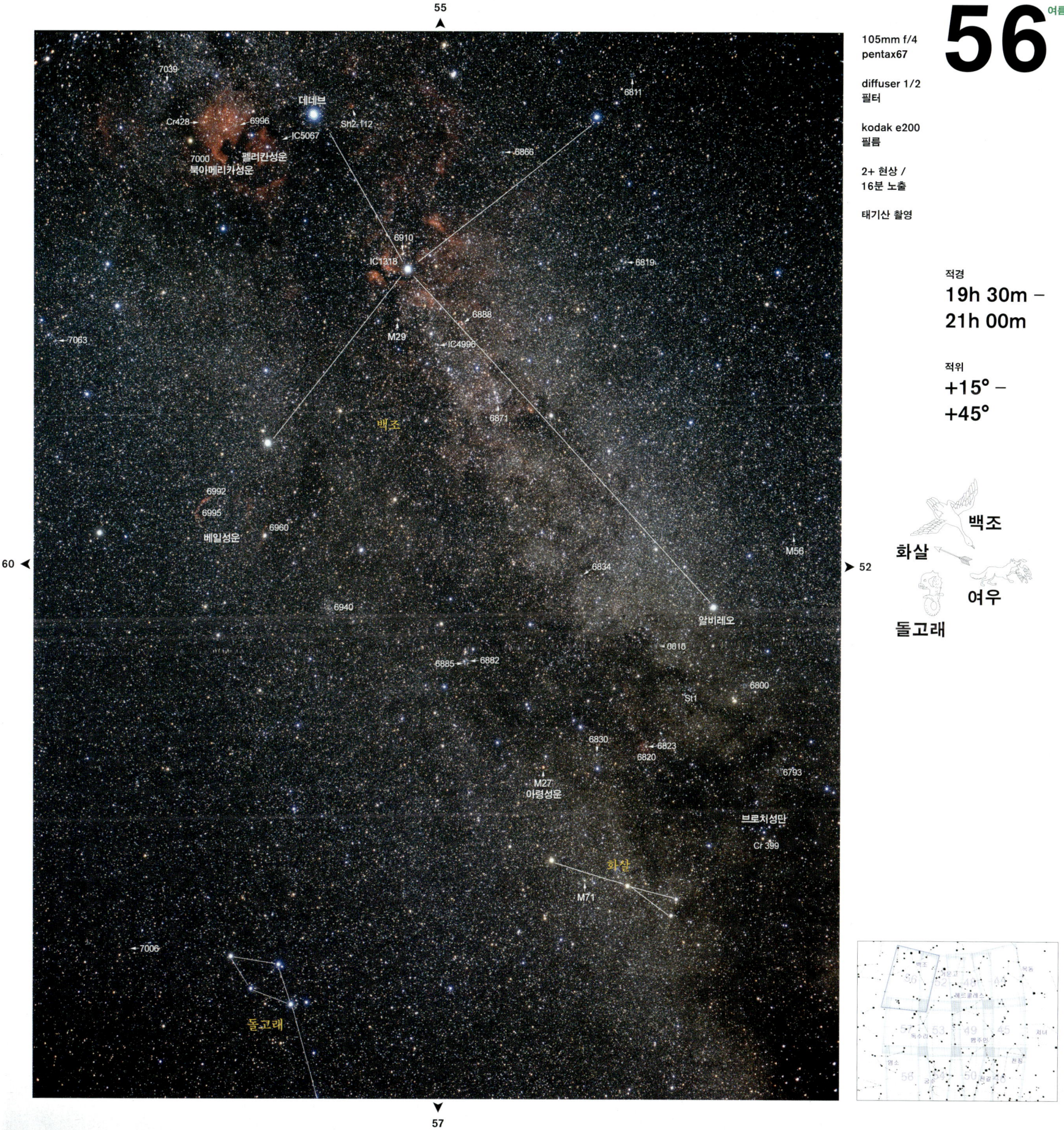

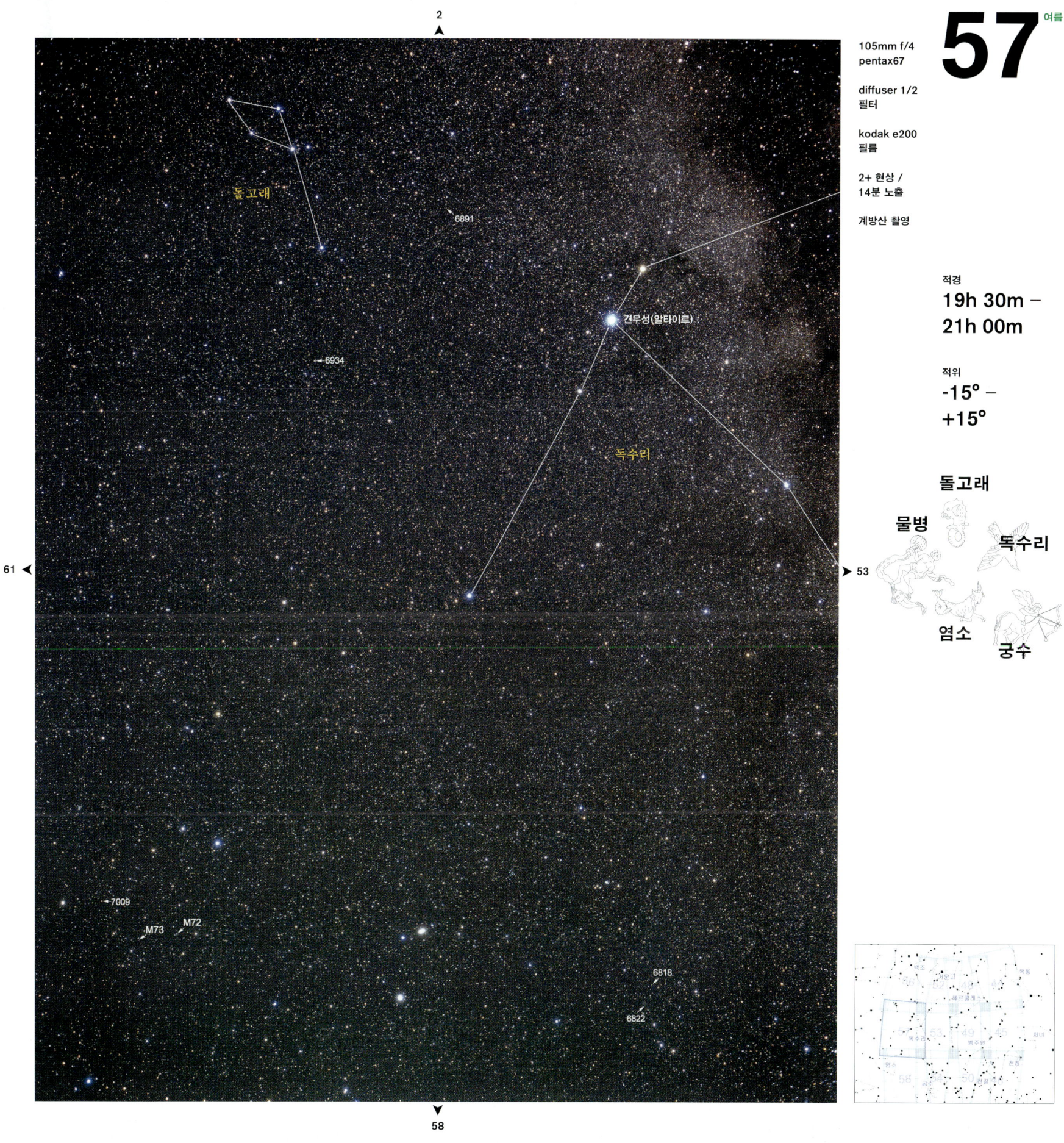

# 58 여름

105mm f/4
pentax67

diffuser 1/2
필터

kodak e200
필름

2+ 현상 /
12분 노출

계방산 촬영

적경
**19h 30m –
21h 00m**

적위
**-45° –
-15°**

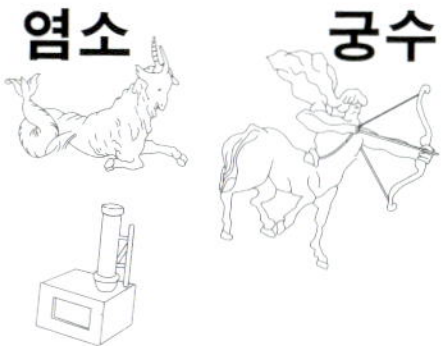

염소  궁수

현미경

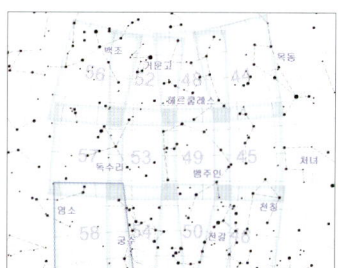

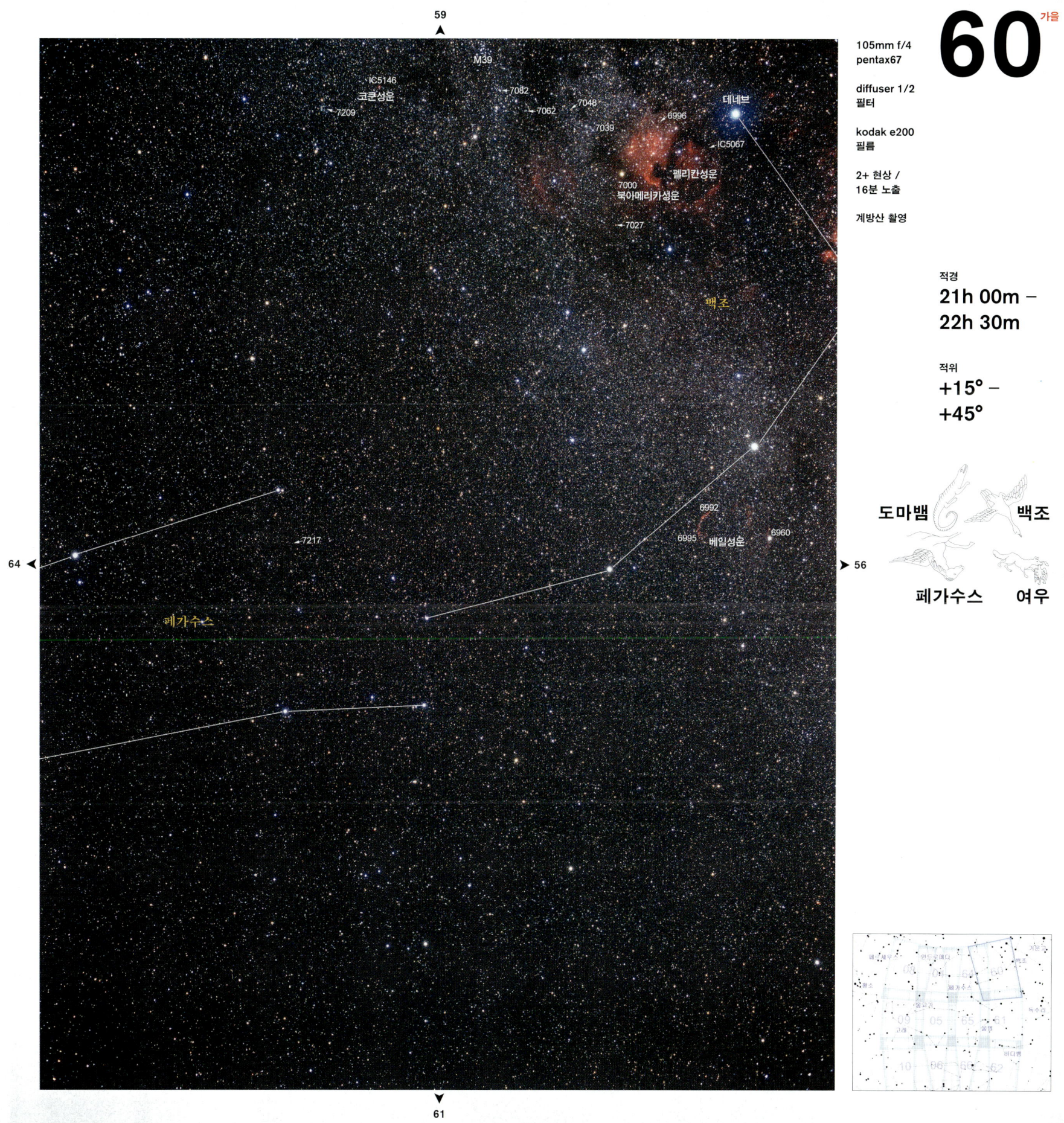

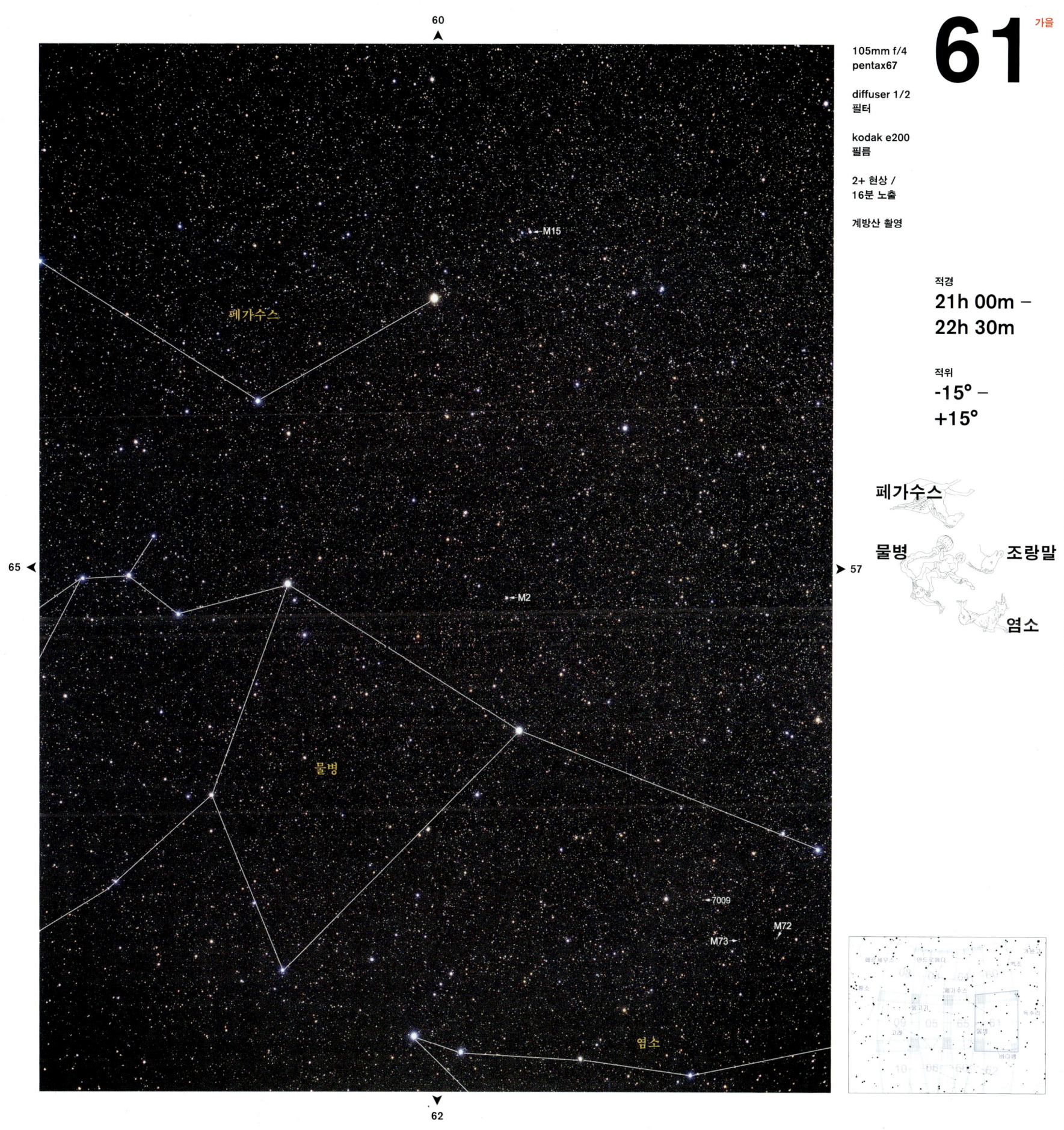

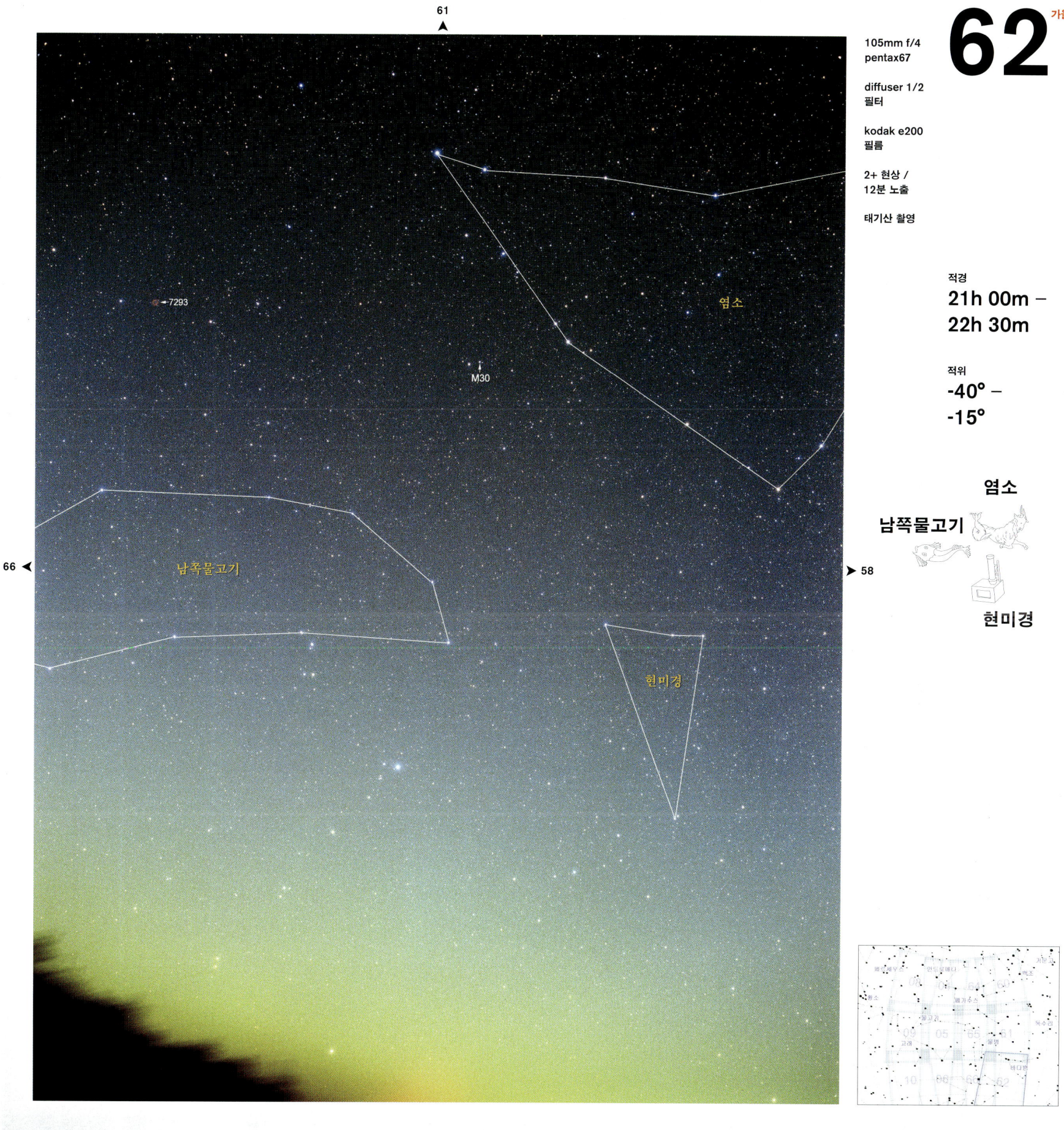

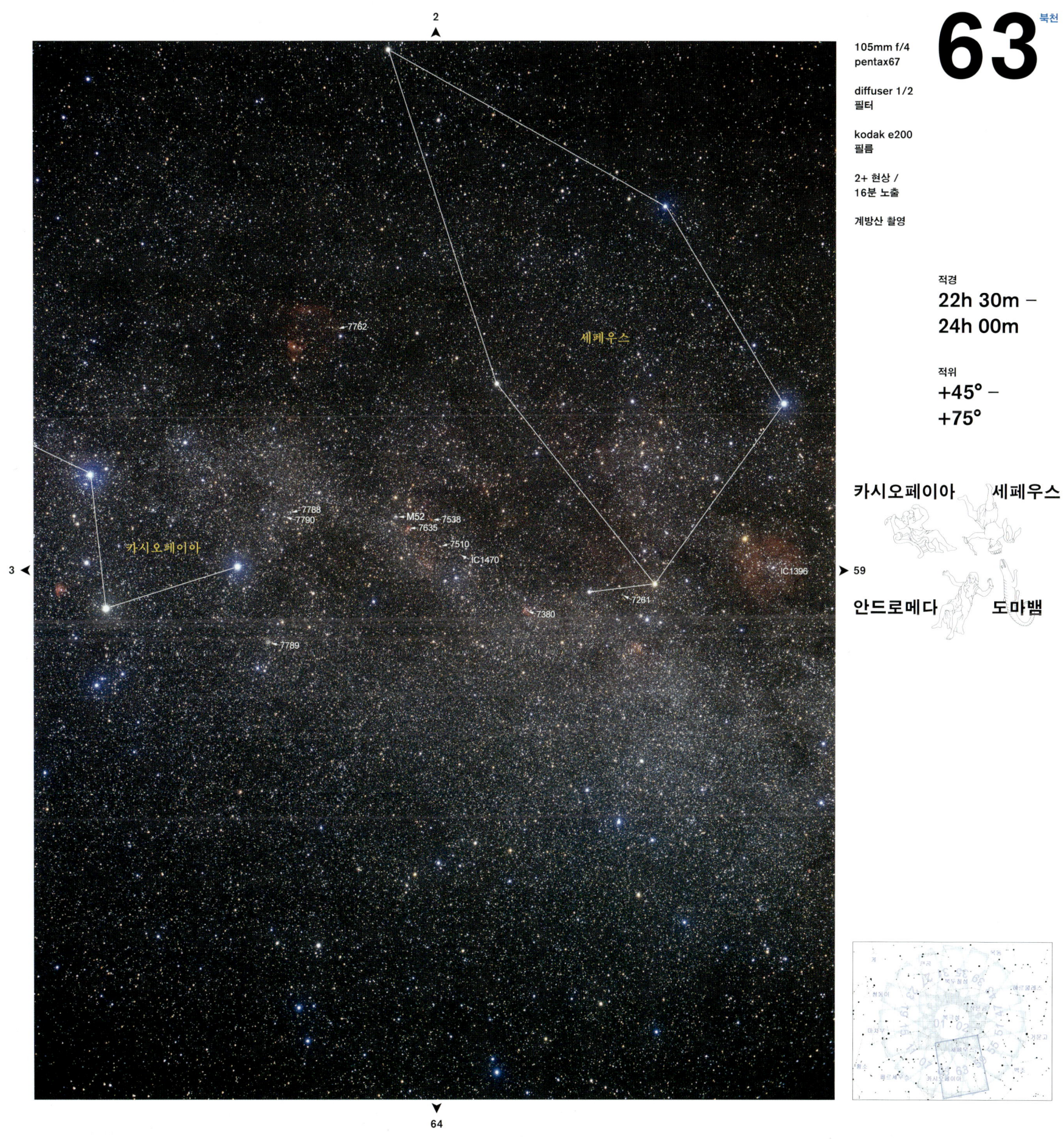

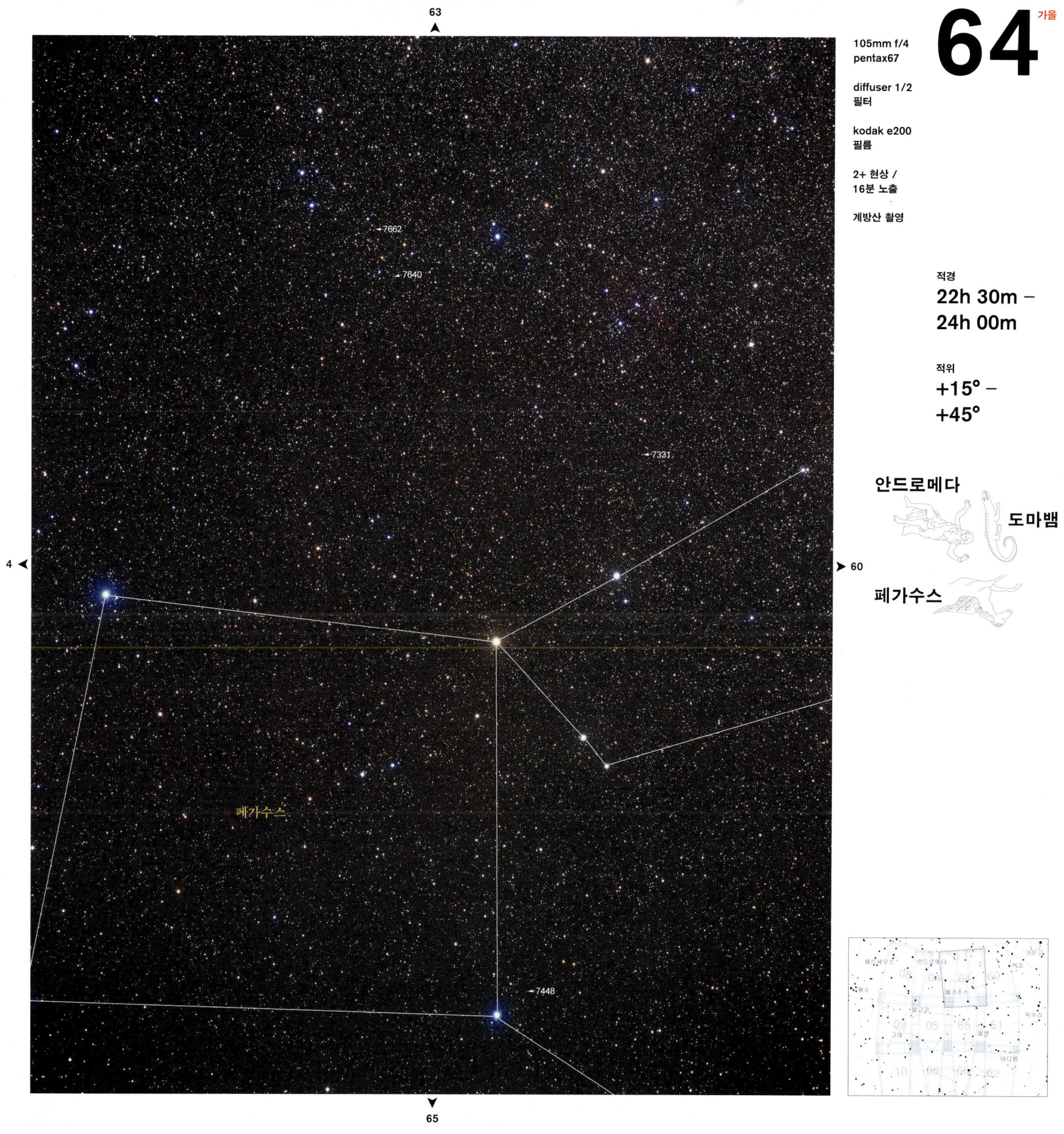

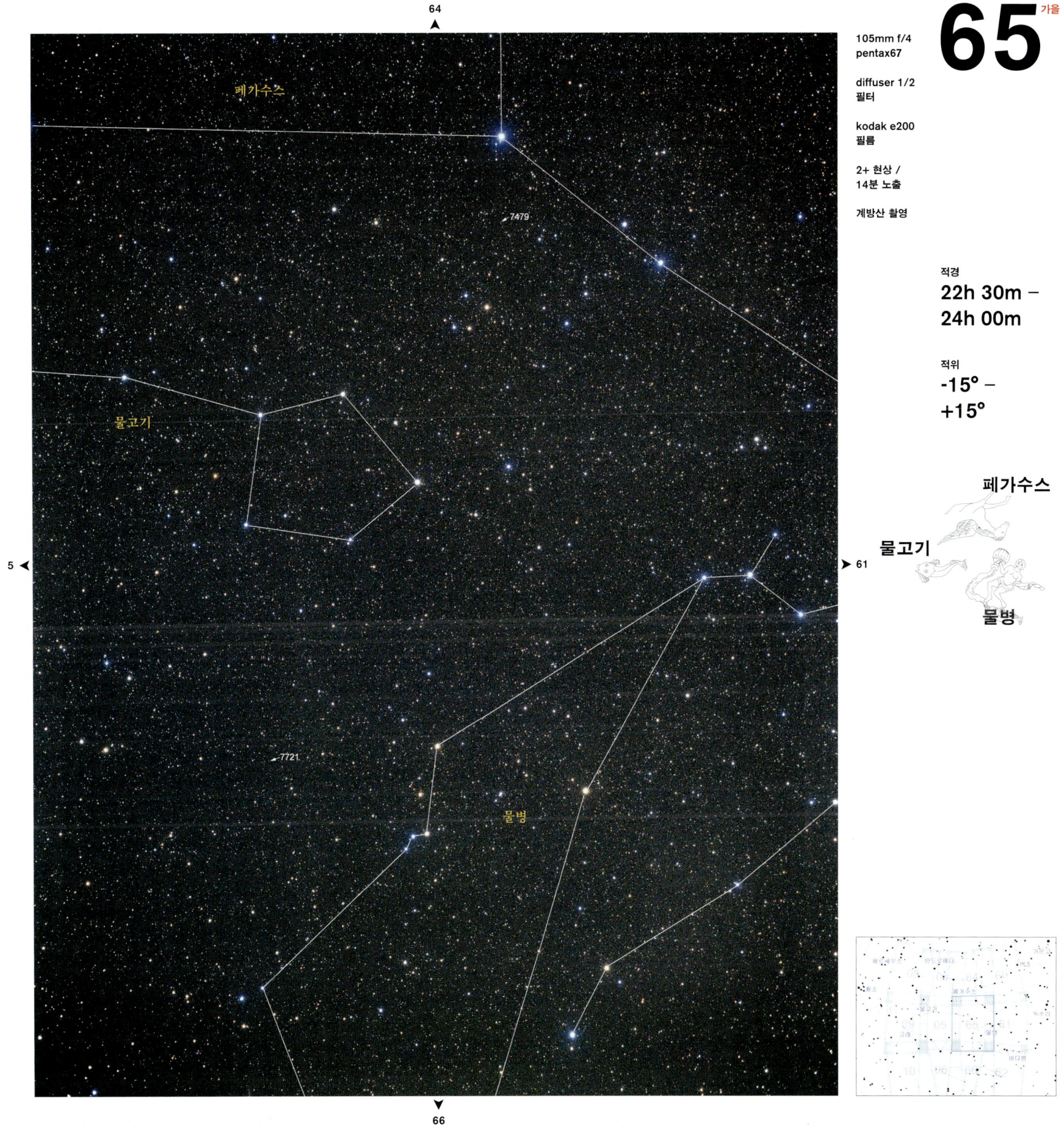

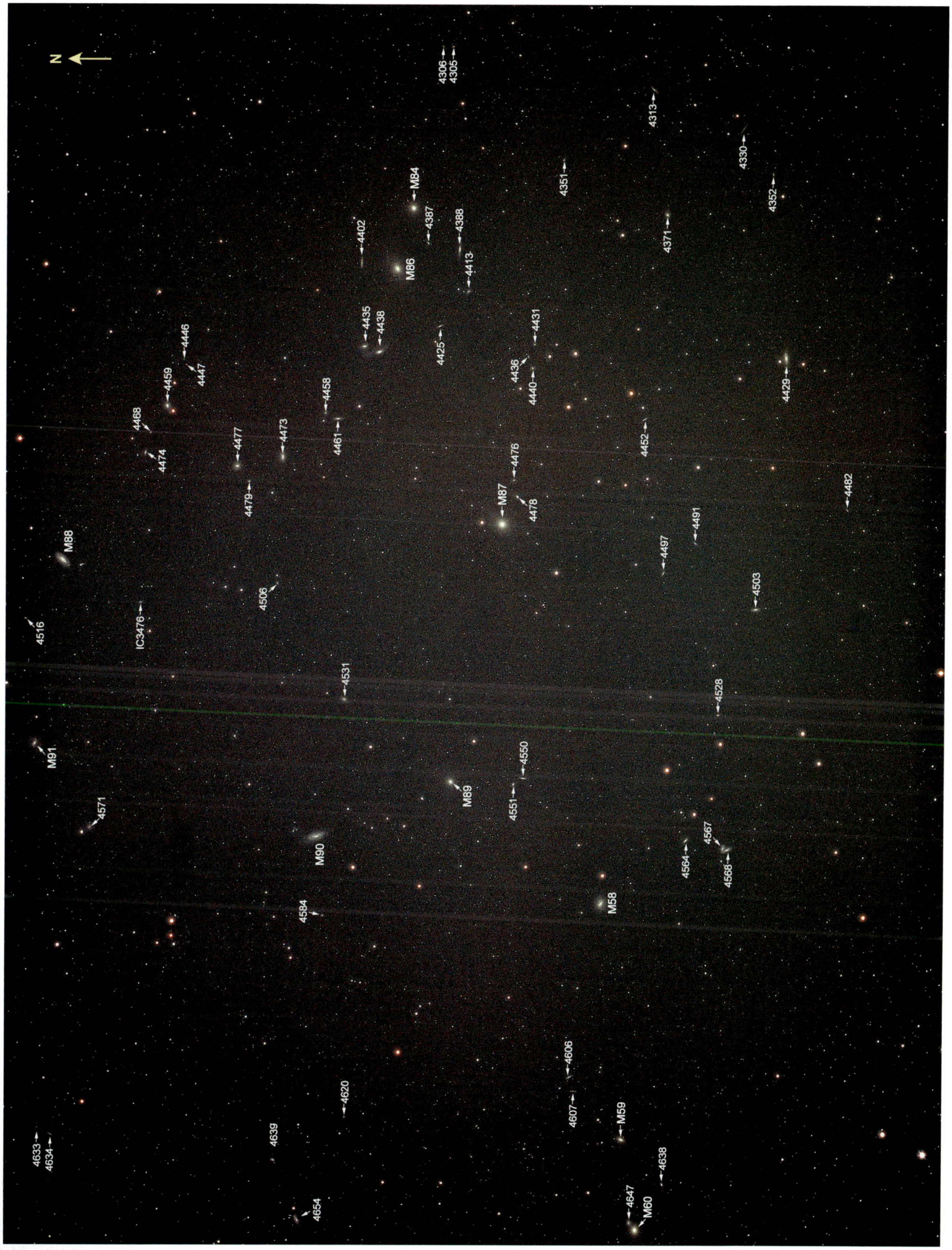

# 67 봄

105mm f/6.7
천체망원경
pentax67

kodak e200
필름

2+ 현상 /
40분 노출

계방산 촬영

적경
**12h 20m –
12h 44m**

적위
**+10° –
+15°**

머리털-
처녀자리

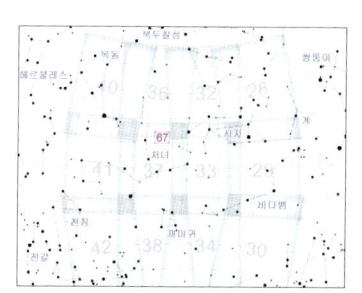

# 아름다운 밤하늘을 담다

밤하늘에 떠 있는 별을 관측하기 위해서는 수없이 많은 별들의 세계에서 길을 잃지 않도록 안내자 역할을 해 줄 성도가 반드시 필요하다. 성도는 단순히 맨눈으로 별자리를 쳐다보든, 망원경을 통하여 성운, 성단, 은하를 관찰하든, 카메라를 사용해서 천체 사진을 찍든 그 어떤 경우에도 사용된다. 성도의 필요성은 절대적이다.

오랫동안 별을 보는 생활을 해 오면서 성도는 내게도 없어서는 안 될 매우 중요한 물품이 되었다. 그 종류도 비교적 구하기 쉬운 그림 성도에서부터 어렵사리 외국에서 구한 사진 성도에 이르기까지 매우 다양하게 구비해 왔다. 이슬이 내리는 야외에서 곧잘 사용하다보니 어떤 것은 해적선 보물 지도에 가까울 정도로 너덜너덜해져 버린 녀석도 있다. 밤하늘을 관찰한 시간이 고스란히 성도에 그 흔적을 남긴 것이다.

## 사진 성도를 구상하다

내가 사진 성도를 처음 접한 것은 1985년 가을이었다. 바로 76년 만에 다시 지구를 방문하는 핼리혜성을 탐색하기 위해 전 세계 사람들의 이목이 밤하늘로 집중되던 때였다. 나 또한 그러한 사람들 중 한 명이었고 어두운 핼리혜성을 관측하기 위해 혜성 궤도 부근의 별들이 상세히 드러난 성도를 찾아 백방으로 헤매고 있었다. 그러던 중 우연히 한 대학교 천문학과 사무실에 팔로마 사진 성도(Palomar Sky Survey)가 있다는 소식을 접하게 되었다. 사무실 한쪽 서랍을 가득 채울 정도의 거대한 위용을 자랑하는 사진 성도를 처음 맞닥뜨린 순간의 가슴 벅참이란……. 하지만 기쁨도 잠시였다. 나같이 소형 망원경으로 하늘을 바라보는 아마추어들에게는 팔로마 사진 성도가 쓸모없이 덩치만 큰 괴물과도 같은 존재라는 사실을 깨닫게 된 것이다. 그 후 유명한 천체 사진가인 한스 베렌베르그의 사진 성도도 몇 가지 구해서 보았지만 그 역시 나를 충족시켜 주진 못했다. 전문적으로 별을 관측하면서 기록하는 관측가들에게는 매우 유용한 성도였지만 아마추어들에게는 사용하기 불편하고 어렵기만 한 것이었다. 내게는, 그리고 수많은 아마추어 관측가들에게는 다른 종류의 성도가 필요했다.

그리고 천 년이 바뀌어 가던 무렵의 어느 여름날, 나는 마침내 머릿속으로만 머물던 그 성도의 실체를 종이에 옮기기 시작했다. 초보자들도 쉽게 볼 수 있으면서, 성운, 성단을 즐겨 보는 아마추어 관측가들에게 도움이 될 그런 사진 성도 말이다. 초보자들에게는 상당히 넓은 범위의 하늘을 한 번에 보여 주는 것이 중요하다. 적어도 일정 크기의 별자리들을 한 면에서 다 볼 수 있어야 책에서뿐만 아니라 실제 밤하늘에서 쉽게 별의 위치를 찾아낼 수 있는 것이다. 그래서 사진 성도를 촬영하는 카메라 장비로 화각이 너무 좁은 렌즈, 즉 초점길이가 긴 망원렌즈 계열은 적절하지 못했다.

또 하나, 천체망원경의 파인더나 작은 쌍안경에서 보일 만한 밝은 성운, 성단들은 사진 성도에서도 그대로 확인되게끔 하고 싶었다. 이것이야말로 아마추어 관측가들에게 사진 성도가 갖는 최고의 장점이니까. 성운, 성단이 확인 가능하려면 렌즈의 초점길이가 길면 길수록 유리했다. 즉 망원렌즈가 좋은 선택이었다. 이 두 가지의 엇갈린 방향 속에서 내가 내린 결론은 그 중간인 표준렌즈를 사용하자는 것이었다. 적당한 크기의 별자리는 한 면에 들어가되, 큰 성운, 성단들도 눈으로 확인이 되는 그런 사진을 얻기 위해서 말이다. 이렇게 선택한 것이 바로 67포맷 (120) 필름과 105mm 표준렌즈를 사용한 중형 카메라이다.

장비의 초점길이가 정해진 다음부터 일의 진행이 빨라졌다. 카메라의 화각이 결정된 후에는 하늘을 어떻게 나눌 것인가 하는 것에 집중했다. 하늘은 둥글다. 아니, 둥글게 보인다. 반면 책은, 또는 성도의 지면은 평면이다. 지구 표면을 지도로 나타낼 때 왜곡이 발생하는 것처럼 밤하늘을 지도로 만들 때에도 왜곡이 발생하게 마련이다. 이러한 왜곡을 최소화하기 위해서는 밤하늘을 몇 개의 구역으로 나눌지가 큰 관건이었다.

가장 큰 고민은 하늘의 가장 북쪽, 즉 천의 북극 부근이었다. 기존의 성도를 보면 천의 북극은 북극성을 중앙에 넣어 1장으로 처리하는 방법과 적경에 따라 2~4장으로 나누는 방법이 있었다. 고민 끝에 천의 북극을 2장에 담기로 했다. 나머지 부분은 위도 30도 간격으로 나눈 다음 적경에 따라 다시 나누었다. 그 결과 전 하늘은 북천과 남천을 통틀어 모두 84장의 영역으로 구분이 되었고, 이중 내가 살고 있는 관측 장소에서 촬영이 불가능한 남쪽 하늘을 제외하고 나니 모두 66장이 되었다.

66장으로 구역이 확정되자 나는 욕심을 내기 시작했다. 이 모든 작업을 일 년 만에 마칠 계획을 한 것이다. 어차피 하늘이 계절별로 한 차례 선보이려면 일 년이 걸리므로 일 년은 작업에 필요한 최소한의 시간이었다. 66장을 12개월로 나누면 한 달에 대략 5~6장의 영역을 찍어야 한다. 사실 계획대로만 진행된다면 그동안의 촬영 경험으로 보아 그리 어려운 일은 아니었기에 시작의 시점에서 나는 일 년 만의 성공을 거의 확신하고 있었다.

<u>몇 가지 고민들</u>

사진 성도 작업을 위해 전 하늘을 카메라에 담으려고 하니 뜻밖의 방해물이 곳곳에서 튀어나왔다. 그 첫 번째가 바로 행성이다. 사진 성도는 항상 해당 영역이 하늘의 정남쪽에 있는 시점인 남중했을 때를 전후하여 찍어야 최상의 작품을 만들어낼 수 있다. 왜냐하면 대상의 고도가 높아서 별이 가장 밝고 뚜렷하게 보이기 때문이다. 태양에 가까운 수성과 금성은 남쪽에 있지 않기 때문에 절대 찍힐 리가 없지만 지구 밖 외행성인 화성, 목성, 토성은 성도 촬영 작업에 방해물이 된다.

다행히 화성은 지구와 접근하는 회합 주기가 2년 2개월로 길다. 즉 일 년 단위로 잘 보였다가 보이지 않았다가 하기 때문에 보이지 않는 기간을 택해 촬영을 하면 문제가 되지 않는다.

문제는 목성과 토성이었다. 이 두 행성은 너무나 밝아서 함께 찍힐 경우 사진 성도를 망치기 딱 좋은 대상일 뿐 아니라, 그 움직임 또한 일 년에 별자리 하나를 바꿀 정도로 느릿느릿 움직이기 때문에 시기를 잘 잡지 못하면 작업 기간이 일 년이 아니라 이 년, 삼 년이 될 공산이 크다. 실제로 이 책을 기획할 때 가장 먼저 고민한 것이 바로 이 부분이었다. 목성이나 토성이 현재 위치한 별자리는 두 행성이 지나가고 난 다음인 일 년 뒤에 찍어야 한다. 반면, 일 년 뒤 두 행성이 위치할 곳은 지금 찍어야 한다. 그래서 사진 성도 촬영에서 가장 먼저 찍은 하늘 영역이 바로 다음 해 목성과 토성이 위치할 곳이었다. 그리고 시작 시점 당시에 목성과 토성이 위치해 있는 영역은 그 다음 해, 즉 일 년이 경과한 다음에 찍었다.

천왕성과 해왕성은 너무나 느리게 움직이기 때문에 단기간의 촬영 작업에서 피할 방법이 없다. 단 그리 밝지 않아서 별자리나 다른 대상을 찾을 때 심각한 영향을 주지는 않는다. 현재는 행성에서 제외되었지만 한때 가장 어두운 행성이었던 명왕성은 성도에서 잘 나타나지 않으므로 그리 문제가 되지 않는다.

소행성들 또한 골칫거리 대상이다. 이들은 때로 6등급 이내의 밝기를 가지는데다 그 숫자 또한 셀 수 없이 많아서 일일이 골라내 가며 사진 작업을 하기가 힘든 대상들이다. 이 책을 보다가 몇 개 되지 않겠지만, 비교적 밝은 10등급가량의 정체 모를 별이 떠 있더라도 소행성이겠거니 하고 양해해 주길 바란다.

## 무엇을 고려할 것인가

사진 촬영 초기에는 몇 가지 시험 촬영을 거쳐야만 했다. 성도를 찍기에 가장 적절한 장비와 상태는 무엇인가, 또 가장 적합한 필름은 무엇인가, 그리고 가장 자주 접근할 수 있으면서 하늘도 만족할 만한 촬영 장소는 어디인가, 마지막으로 적당한 노출 시간은 어느 선인가 등이다.

짧은 시간 내에 다량의 사진을 찍어야 하는 만큼 천체망원경의 적도의(赤道儀)가 추적 정밀도에서 최상이어야 했다. 이 점을 만족시키는 가장 적합한 후보는 일본 다카하시 사의 천체망원경인 EM200이었다. EM200은 4~5인치 굴절망원경에 적합한 이동성 소형 적도의로서 정밀함과 사용상의 편리함으로 국내에서도 호평을 받고 있는 제품이다.

67포맷을 위한 카메라는 중형 카메라 중에서 천체 사진에 가장 많이 사용되는 펜탁스 사의 67카메라를 사용하였다. 이 렌즈의 조리개는 f/2.4이지만 실제 촬영 시에는 주변부 비넷과 수차를 없애기 위해 f/4로 약간 줄여서 사용했다. 적어도 사진 성도용 천체 사진 촬영에서는 이 조건이 최상의 사진을 제공해 주었다.

필름은 코닥 사의 E200을 사용했다. 1997년부터 발매된 이 제품은 슬라이드 필름으로 발색이 좋고 시간에 따른 감도 변화를 나타내는 상반칙 현상 또한 우수하여 천체 사진에서 매우 좋은 효과를 발휘하는 필름이다. 단 감도가 너무 낮았으므로 현상 시 2+ 증감 현상을 했다. 대개의 경우 증감 현상을 하면 필름의 성질이 나빠지지만 E200의 경우에는 증감 시에도 발색성과 입자의 깨짐이 다른 필름에 비해 적어 매우 좋은 결과물을 만들어 낸다고 알려져 있다.

이상의 장비들은 평소 별자리를 촬영하며 쌓아 온 경험으로 별 어려움 없이 선택할 수 있었으나 촬영 장소는 크게 고민이 되었다. 좋은 장소에 이용 가능한 천문대가 있다면 더할 나위 없이 좋겠지만 그것은 거의 불가능한 일이다. 사진 성도를 찍기 위해서는 남쪽이 탁 트여 있으면서 그리 부담 없이 접근할 수 있는 거리에 위치한 장소가 필요했다. 인구 천만의 거대 도시 서울에서 멀리 벗어날수록 좋은 것은 당연하다. 처음에는 하늘이 최상급이라 할 수 있는 강원도 함백산 부근을 생각하였으나 왕복 8시간 이상이나 되는 거리를 얼마나 자주 접근할 수 있을지가 염려되었다. 결국 고속도로 부근에 있으면서 보다 가까운 강원도의 태기산과 계방산을 선택하였다. 집에서 이곳까지는 왕복 6시간이 소요되었다.

태기산과 계방산에 있는 관측지는 해발 1,000미터를 전후한 비교적 높은 곳인데다 차량 접근이 가능하여 많은 아마추어 관측가들의 사랑을 받고 있다.

하지만 한겨울에는 눈이 많이 덮여 차량 접근이 어려우며 인근 스키장의 불빛으로 심각한 문제를 겪기도 한다.

## 촬영 작업의 시작

모든 것을 결정한 다음 첫 촬영에 들어간 것이 1999년 가을이었다. 하지만 첫 촬영에서는 다소 실패를 맛보아야만 했다. 무엇보다 부근의 개발로 배경 하늘이 다소 밝아져서 사진의 노출 시간이 과다한 것이 마음에 들지 않았다. 게다가 구도를 잘못 잡아 엉뚱한 곳을 찍은 사진도 있었으며 어떤 것은 추적 가이드 오차까지 발생하여 별이 번졌다. 역시 서두르면 되는 일이 없다는 교훈을 얻고 그 다음부터 좀 더 침착하게 계획적으로 일을 진행하리라 다짐했다.

사진 성도는 대상의 예리함과 별의 극한등급을 생각하면 필터 없이 촬영하는 것이 옳지만 그렇게 되면 밝은 별들이 상대적으로 너무 작고, 죽어 보여서 사진에서 별자리를 알아내기가 무척 어렵다. 즉 보는 사람에게 편안한 맛이 사라진다.

때문에 밝은 별을 약간 붓게 만드는 디퓨즈 필터를 사용하였으며 적절한 양만큼만 별이 붓도록 만드는 필터를 고르기 위해 다양한 테스트를 거쳤다. 필터와 촬영 렌즈, 조리개 및 노출 시간의 조합에 따른 최적의 효과를 시험 촬영을 통해 결정하였다. 이 사진 성도에 찍힌 모든 사진(머리털-처녀 은하단 영역 상세 사진 제외)들은 디퓨즈 필터가 사용된 사진들이다.

66장은 그냥 숫자상으로 보면 얼마 안 되는 것 같지만 생각보다 의외로 많은 수의, 또 긴 시간의 결과물이다. 초기의 불확실성과 혼란은 시행착오를 거치면서 점차 자리를 잡아 갔다. 그렇더라도 대부분 동일 영역을 여러 번 찍어 그중 최상의 것을 골라내는 경우가 많았기 때문에 실제로는 훨씬 많은 수의 사진을 촬영해야만 했다. 다행히도 일을 시작한 시점이 가을인지라 밤이 비교적 길어 처음부터 시간에 쫓기는 일은 없었다. 맑은 날이 많은 겨울철에는 밤도 길어 원래의 계획보다 앞서서 목표한 영역을 촬영할 수 있었다.

## 날씨와의 싸움

하지만 계절이 바뀌면서 시련이 찾아왔다. 가을과 겨울에는 별을 보기에 좋은 맑은 날이 그래도 여러 날 되지만, 봄과 여름에는 쾌청한 날이 한 달에 하루 이틀에 불과한 것이 우리나라의 날씨다.

촬영 기간이었던 2000년도의 날씨는 특히 좋지 않았다. 제대로 맑았던 날이 손에 꼽을 정도였고, 한 달에 하루를 건지기가 어려운 때도 있었다. 거기에 더해 맑은 날이라도 바람이 심하게 불거나 이슬이 많이 내리면 아쉬움을 뒤로 한 채 산을 내려와야 했다.

6월 중순부터 7월 말까지에 해당하는 장마철은 천체 사진가들에게 농한기나 다름없다. 더군다나 하지인 이 무렵은 일 년 중 밤이 가장 짧으므로 이 기간에 남중하는 한여름 밤 은하수는 보다 이른 시기인 5월에 미리 찍어 놓아야 한다. 문제는 5월에도 날씨가 그리 좋지 않았다는 것이었다.

6월에 접어들면서 달이 다시 서쪽 하늘에 보이기 시작했다. 달이 떠 있으면 별자리 촬영을 할 수가 없다. 달빛이 너무 밝아 어두운 별들이 모두 사라지기 때문이다. 이 무렵 사진 성도 작업을 일 년 더 연장해야 할지도 모른다는 신호가 찾아왔다. 앞으로 며칠 동안 날이 맑아 주지 않는다면 어쩔 수 없이 내년 여름을 기약해야 할 상황이었다. 며칠간 하늘만 바라보며 날이 맑기만을 기다리는, 피 말리는 날들이 계속되었다.

하늘의 도우심인지 비가 온 직후 하늘이 맑아진 날이 딱 하루 있었다. 그리고 그날도 어김없이 관측지를 향해 차를 몰았다. 관측지에서 "실패는 없다."는 말을 끊임없이 되새기면서 셔터를 눌렀다. 이번에 주어진 단 한 번의 기회를 놓친다면 일 년을 더 기다려야 했다. 다행히 그 사진은 매우 훌륭하게 완성되었다.

날씨와의 싸움이라는 고비를 몇 번 더 넘긴 후 10월이 되면서는 전 하늘 촬영이라는 고지에 성큼 다가가 있었다. 마지막 셔터를 누르면서 느꼈던 뿌듯함은 그 무엇과도 바꾸기 힘든 소중한 것이었다. 마침내 하늘의 모든 별이 나의 필름 속으로 들어왔다. 전 하늘의 별이 내 것이 된 것이다.

이렇게 하여 사진 성도는 일 년 만에 완성되었다. 사진에 나타난 가장 어두운 별의 밝기인, 한계등급은 11.5등급 정도이다. 천정에 위치한 하늘은 이보다 좀 더 어두운 별이, 남천에 위치한 영역은 이보다 좀 더 밝은 별까지만 찍혀 있다. 사진 하나하나의 화각은 가로가 28도, 세로가 36도이다. 사진 성도는 천의 북극에서 남천 –30도 영역까지 전 하늘이 다 나타나 있으며 일부분을 제외한 대부분은 –40도까지도 성도로 쓸 수 있다. 하지만 남천으로 갈수록 지평선상에 보이는 심한 광해의 영향으로 어두운 별을 찾기 위한 용도로 사용하기에는 다소 무리가 있다. 또, 북반구 높은 위도의 영역은 다른 영역에 비해 겹치는 부분이 다소 많다. 이것은 그 아래 부분인 천의 적도 영역과 맞추기 위한 것이므로 양해를 바란다.

## 머리털-처녀자리 은하단 영역

오래전 천체망원경으로 메시에 목록과 NGC 목록 대상들을 밤하늘에서 뒤지면서 가장 애로점을 느꼈던 부분이 바로 은하들이 밀집된 머리털-처녀자리 경계 부근이었다. 성운, 성단, 은하 관측을 좀 해 본 사람이라면 누구나 한 번쯤 느끼듯이 이 영역은 수십 개의 은하가 뒤엉켜 구분이 되지 않는 곳이다. 아마추어들이 관측 시에 가장 많이 사용하는 외국의 그림 성도인 스카이 아틀라스(Sky Atlas) 2000.0 성도에서는 이 영역에서 은하들의 구분이 사실상 어렵다.

보다 자세한 그림 성도인 우라노메트리아(Uranometria) 2000.0 성도에서도 여전히 밀집된 은하들 간의 구별이 쉽지 않다. 결국 현재까지 출판된 그림 성도 중에서 가장 상세한 것으로 여겨지는 밀레니엄(Millennium) 2000.0 성도가 나오고서야 어느 정도 해결이 되었지만, 과거 이 영역에 있는 각각의 은하들을 구별하기 위해 자료를 찾아 고생하던 기억은 아직까지도 생생하게 뇌리에 남아 있다.

이 사진 성도도 사실상 비슷해서, 성도로 쓰기에 다른 영역은 그리 큰 문제가 없으나 작은 은하들이 밀집한 머리털-처녀자리 경계 부근은 은하의 구분 및 표시가 불만족스러워 많은 고민을 하게 했다. 결국 이 부분만을 확대해서 별도의 한 영역으로 촬영하기로 했다. 세부 촬영에는 구경 105mm F/6.7 초점길이 700mm의 천체망원경이 사용되었다. 이 망원경을 선택한 이유는 안시 관측자들이 이 영역을 탐색할 때 성도로 사용하기에 가장 적합한 화각을 제공해 주기 때문이다.

마침내 사진 성도의 최후 사진으로 머리털-처녀자리 경계 부근 은하단 촬영이 행해졌다. 세 번에 걸친 촬영 후 가장 잘 나온 사진을 뽑았다. 은하들은 이 영역에서 광범위하게 퍼져 있다. 성도에 실린 사진에서 이 은하들은 매우 작지만 그래도 나름대로 위치와 모습이 확인 가능하므로 안시 관측을 행하는 사람들에게 많은 도움이 되리라 생각한다.

## 디지털 처리

처음 사진 성도를 기획할 때 디지털 이미지 처리는 전혀 계획에 없었다. 당시에는 아마추어 천체 관측가들에게 디지털 촬영 장치인 천문용 CCD가 막 보급되기 시작하던 때였다. 하지만 성능도 그다지 좋지 않았을 뿐 아니라 가격도 엄청나게 비쌌다. 일반 사진에서도 디지털 카메라보다 필름 카메라가 더 많이 사용되던 시기였다.

그러나 일단 사진을 다 찍고 난 후 성도로 묶는 작업을 준비하던 시점에서 주변 상황이 차츰 바뀌고 있었다. 그동안 여러 사진 기술의 발전으로 디지털 이미지 처리 및 인화가 보편화되고, 큰 어려움 없이 쉽게 이미지 처리를 할 수 있는 여건이 주변에서 조성되기 시작했다. 그 때문에 사진 성도에서도 이를 도입할 것인가 하는 문제를 심각하게 고민하게 되었다.

무엇보다 실제 촬영된 사진에서는 남쪽 부분의 광해가 생각보다 심하여 광해를 다소 제거해야 할 필요성을 느꼈다. 여기에다가 성도로 사용하려면 확산된 성운 같은 대상이 좀 더 뚜렷하게 표현되어야 했다. 그래서 대상의 이미지가 왜곡되지 않는 아주 작은 범위 내에서 이미지 처리를 행하였다. 현재 인터넷상에서 보이는 유명 사진들은 대부분 이미지 처리를 과다하게 해서 모습과 색상이 지나치게 왜곡되고 어찌 보면 조작에 가까울 만큼 진실과 거짓의 경계선을 넘나드는 위험한 사진들이 많다.

이미지 처리 작업은 당시 국내에서 이 분야에 가장 많은 경험을 가지고 있던 한상봉 씨가 도움을 주었다. 사실 한상봉 씨는 사진 성도 촬영 과정에서도 많은 도움을 주었다.

## 성도 작업

사진의 원본이 완성된 후 성도를 만드는 작업이 본격적으로 시작되었다. 생각보다 고되고 시간도 많이 걸리는 작업이었다. 실제로 밤하늘을 촬영한 기간보다 사진들을 다듬고 성도로 묶는 데 더 오랜 기간이 걸렸다. 당시만 해도 개인용 컴퓨터에서 방대한 양의 사진을 다루는 것이 쉽지 않았다.

게다가 사진에 나타난 별들을 별자리 선으로 이어 주고, 각 성운, 성단들에 명칭을 부여하는 것은 많은 작업량과 전문성이 요구되었다. 이 작업은 천문우주기획의 이화영 씨, 정향숙 씨, 심재현 씨가 대부분 진행해 주었다. 이에 감사를 표한다.

그림을 그리고 표기를 넣은 다음 수정 작업이 끝날 때까지 수년이 소요되었다. 물론 많은 인력을 투입하여 일을 빨리 할 수 있었다면 기간을 훨씬 단축할 수 있었겠지만 여러 여건상 그럴 수가 없었다. 주변 문제로 일이 중단된 채로 흘러간 시간도 상당했다. 잘못하면 영영 빛을 보지 못하고 사라질 위험에 처하기도 했다.

우여곡절 끝에 몇 년의 세월이 지난 후 사진 성도를 만드는 작업이 완성되었다. 여기에다 보완 자료 삽입 및 이 책을 일반 사람들이 보다 보기 쉽고 이해하기 쉽도록 설명을 덧붙이는 작업을 거쳐 이제야 마침내 한 권의 책으로 태어나게 되었다.

## 사진 성도 작업을 마치며

항상 모든 일이 그렇지만 끝나고 나면 아쉬움이 남는다. 이 작업도 마찬가지여서 끝을 내고 보니 마음에 차지 않는 사진들이 여기저기 눈에 띈다. 촬영 당일 날씨가 좋지 않아 다소 질이 떨어지는 사진도 있고, 촬영 도중 비행기나 유성이 지나가서 자국을 남긴 것도 있으며, 어떤 사진은 대상의 고도가 다소 낮아졌음에도 무리하게 촬영을 강행한 것도 있다. 또, 촬영 장소 문제로 나뭇가지가 지평선을 가리는 바람에 의도했던 영역까지 표현되지 않은 사진들도 있다.

흥미롭게도 밤하늘 영역과 촬영자 사이에도 궁합이라는 것이 있는지 어떤 영역은 단 한 번에 최상의 사진을 건져 내는가 하면, 어떤 영역은 다섯 번씩이나 촬영을 했음에도 꼭 방해물이 등장하여 마음에 들지 않은 사진이 나오기도 했다. 참으로 이상한 일이다.

별을 보는 사람들에게 사진 성도는 그림 성도의 보조 도구로, 또는 학술적인 용도로 사용되어 왔다. 하지만 이 책은 그런 틀을 과감히 깨고자 노력했다. 즉 사진 성도 하나만으로도 독자적인 성도 역할을 충분히 할 수 있도록 하여 별자리를 쳐다보는 초보자들뿐만 아니라 별자리 사진이나, 광역의 성운, 성단, 은하 사진을 찍는 천체 사진가들, 또는 소형 망원경으로 관망하려는 안시 관측가들에게 최적의 쓰임새를 지니도록 하였다.

또, 별자리에 대해 보다 명확히 알기를 원하면서 그곳에 위치한 여러 대상들을 쌍안경으로 찾아보려는 사람들에게도 매우 좋은 지침서가 될 수 있을 것이다.

이 사진 성도는 여러 사람들의 노력이 합해진 결과물이다. 성도를 기획한 단계에서부터 한 장, 한 장의 사진을 찍어 나가고, 그 사진들을 이미지 처리하여 동일화시키는 작업과 성도에 각각의 별자리와 성운, 성단을 표기하기까지 많은 사람들의 수고가 있었다. 그러한 노력이 우리나라 최초의 사진 성도를 탄생시켰다는 점에 무척 기쁘고 감사하며 특히 직접적인 도움을 준 권오철 씨, 한상봉 씨, 이화영 씨, 정향숙 씨, 심재현 씨에게 감사드린다. 또, 출판과 관련하여 수고를 아끼지 않은 천문우주기획 관계자 분들과 사이언스북스 관계자 분들, 이 작업을 완성하기까지 많은 뒷바라지를 해 준 나의 가족들에게 감사의 말을 전한다.

이 사진 성도가 앞으로 우리나라 아마추어 천체 관측자들에게 많은 도움이 되기를, 천문 발전에 밑거름이 되기를 기대해 본다.

# 부록

영역별 성운, 성단, 은하 데이터

멋진 관측 대상 NGC 100선

찾아보기

# 영역별 성운, 성단, 은하 데이터

**분류**

- **OC** Open Cluster, 산개성단
- **GC** Globular Cluster, 구상성단
- **EN** Emission Nebula, 발광성운
- **DN** Dark Nebula, 암흑성운
- **PN** Planetary Nebula, 행성상성운
- **SG** Spiral Galaxy, 나선은하
- **EG** Elliptical Galaxy, 타원은하
- **IG** Irregular Galaxy, 불규칙은하

**자료 참조**
The Deep Sky Field Guide to Uranometria 2000.0
by Cragin, Lucyk, Pappaport

| 대상 | | 분류 | 적경 | 적위 | 등급 | 시직경 | 별자리 | 비고 |
|---|---|---|---|---|---|---|---|---|
| **영역 1** | | | | | | | | |
| 188 | | OC | 00 44.0 | +85 20 | 8.1 | 13 | 세페우스 | |
| 2655 | | SG | 08 55.6 | +78 13 | 10.1 | 6.0 × 5.3 | 기린 | Arp 225 |
| **영역 2** | | | | | | | | |
| 대상 없음 | | | | | | | | |
| **영역 3** | | | | | | | | |
| 40 | | PN | 00 13.0 | +72 32 | 10.7 | 6 | 용 | 작고 둥글며 밝은 멋진 대상 |
| 103 | | OC | 00 25.3 | +61 21 | 9.8 | 5 | 카시오페이아 | |
| 129 | | OC | 00 29.9 | +60 14 | 6.5 | 21 | 카시오페이아 | 은하수 내의 멋진 대상 |
| 133 | | OC | 00 31.2 | +63 22 | 9.4 | 7 | 카시오페이아 | |
| 136 | | OC | 00 31.5 | +61 32 | – | 1.2 | 카시오페이아 | |
| 146 | | OC | 00 33.1 | +63 18 | 9.1 | 6 | 카시오페이아 | |
| 147 | | EG | 00 33.2 | +48 30 | 9.3 | 13 × 8 | 카시오페이아 | M31 위성은하 |
| 185 | | EG | 00 39.0 | +48 20 | 9.2 | 15 × 13 | 카시오페이아 | M31 위성은하 |
| 225 | | OC | 00 43.4 | +61 47 | 7.0 | 12 | 카시오페이아 | |
| 281 | | DN | 00 52.8 | +56 37 | – | 35 × 30 | 카시오페이아 | 북아메리카성운과 유사 |
| 381 | | OC | 01 08.3 | +61 35 | 9.3 | 6 | 카시오페이아 | |
| 436 | | OC | 01 15.6 | +58 49 | 8.8 | 5 | 카시오페이아 | |
| 457 | | OC | 01 19.1 | +58 20 | 6.4 | 13 | 카시오페이아 | 올빼미성단 |
| 559 | | OC | 01 29.5 | +63 18 | 9.5 | 4.4 | 카시오페이아 | |
| **영역 4** | | | | | | | | |
| 1 | | SG | 00 07.3 | +27 43 | 12.9 | 1.6 × 1.1 | 페가수스 | |
| 23 | | SG | 00 09.9 | +25 55 | 12.0 | 2.0 × 1.5 | 페가수스 | |
| 205 | M110 | EG | 00 40.4 | +41 41 | 8.1 | 20 × 13 | 안드로메다 | M31 위성은하 |
| 224 | M3 | SG | 00 42.7 | +41 16 | 3.4 | 85 × 75 | 안드로메다 | |
| 221 | M32 | EG | 00 42.7 | +40 52 | 8.7 | 11 × 7.3 | 안드로메다 | M31 위성은하 |
| 404 | | SG | 01 09.4 | +35 43 | 10.3 | 6.1 × 6.1 | 안드로메다 | 베타성 옆 6분 거리 |
| **영역 5** | | | | | | | | |
| 246 | | PN | 00 47.0 | –11 53 | 8.0 | 3.8 | 고래 | |
| 520 | | IG | 01 24.6 | +03 48 | 11.4 | 4.6 × 1.9 | 물고기 | |
| 584 | | SG | 01 31.3 | –06 52 | 10.5 | 3.2 × 1.7 | 고래 | |
| **영역 6** | | | | | | | | |
| 247 | | SG | 00 47.1 | –20 46 | 9.2 | 19 × 5 | 고래 | |
| 253 | | SG | 00 47.6 | –25 17 | 7.6 | 30 × 7 | 조각구 | 남천의 밝고 큰 은하 |
| 288 | | GC | 00 52.8 | –26 53 | 8.1 | 13.8 | 조각구 | |
| **영역 7** | | | | | | | | |
| 581 | M103 | OC | 01 33.2 | +60 42 | 7.4 | 6 | 카시오페이아 | |
| 650 | M76 | PN | 01 42.4 | +51 34 | 12.2 | 2.6 × 1.5 | 페르세우스 | 작은 아령성운 |
| 637 | | OC | 01 42.9 | +64 00 | 8.2 | 20 | 카시오페이아 | |
| 654 | | OC | 01 44.1 | +61 53 | 6.5 | 5 | 카시오페이아 | |
| 659 | | OC | 01 44.2 | +60 42 | 7.9 | 5 | 카시오페이아 | |
| 663 | | OC | 01 46.0 | +61 15 | 7.1 | 16 | 카시오페이아 | 멋진대상 |
| 869 | | OC | 02 19.0 | +57 09 | 5.3 | 29 | 페르세우스 | 이중성단 |
| 884 | | OC | 02 22.4 | +57 07 | 6.1 | 29 | 페르세우스 | 이중성단 |
| IC1805 | | DN | 02 32.7 | +61 27 | – | 60 × 60 | 카시오페이아 | |
| IC1848 | | DN | 02 51.2 | +60 26 | – | 120 × 55 | 카시오페이아 | |
| **영역 8** | | | | | | | | |
| 598 | M33 | SG | 01 33.9 | +30 39 | 5.7 | 67 × 42 | 삼각형 | 소용돌이은하 |
| 628 | M74 | SG | 01 36.7 | +15 47 | 9.4 | 11 × 11 | 물고기 | |
| 752 | | OC | 01 57.8 | +37 41 | 5.7 | 50 | 안드로메다 | 대형 산개성단 |
| 772 | | SG | 01 59.3 | +19 01 | 10.3 | 7.3 × 4.6 | 양 | |
| 89 | | SG | 02 22.6 | +42 21 | 9.9 | 13 × 2.8 | 안드로메다 | 멋진 측면은하 |
| 1023 | | SG | 02 40.4 | +39 04 | 9.3 | 8.6 × 4.2 | 페르세우스 | 멋진 은하 |
| 1039 | M34 | OC | 02 42.0 | +42 47 | 5.2 | 35 | 페르세우스 | |
| 1156 | | IG | 02 59.7 | +25 14 | 11.7 | 3.4 × 2.8 | 양 | |

| 대상 | | 분류 | 적경 | 적위 | 등급 | 시직경 | 별자리 | 비고 |
|---|---|---|---|---|---|---|---|---|
| **영역 9** | | | | | | | | |
| 720 | | EG | 01 53.0 | −13 44 | 10.2 | 4.3 × 2.0 | 고래 | |
| 936 | | SG | 02 27.6 | −01 09 | 10.2 | 5.7 × 4.6 | 고래 | 비교적 밝은 대상 |
| 1068 | M77 | SG | 02 42.7 | −00 01 | 8.9 | 8.2 × 7.3 | 고래 | 핵이 매우 밝은 은하 |
| 1084 | | SG | 02 46.0 | −07 35 | 10.7 | 3.2 × 1.9 | 에리다누스강 | |
| **영역 10** | | | | | | | | |
| 613 | | SG | 01 34.3 | −29 25 | 10.0 | 5.2 × 2.6 | 조각구 | |
| 908 | | SG | 02 23.1 | −21 14 | 10.4 | 5.9 × 2.3 | 고래 | |
| 1097 | | SG | 02 46.2 | −30 14 | 9.2 | 11 × 6.3 | 화로 | |
| **영역 11** | | | | | | | | |
| 1245 | | OC | 03 14.7 | +47 15 | 8.4 | 10 | 페르세우스 | 멋진 대상 |
| | STOCK23 | OC | 03 16.3 | +60 02 | 7.0 | 14 | 카시오페이아 | |
| 1491 | | EN | 04 03.4 | +51 19 | − | 25 | 페르세우스 | 흥미로운 작은 성운 |
| 1501 | | PN | 04 07.0 | +60 55 | 13.3 | 0.9 | 기린 | |
| 1502 | | OC | 04 07.7 | +62 20 | 5.7 | 7 | 기린 | |
| 1528 | | OC | 04 15.4 | +51 14 | 6.4 | 23 | 페르세우스 | |
| IC361 | | OC | 04 19.0 | +58 18 | 11.7 | 6 | 기린 | |
| **영역 12** | | | | | | | | |
| 1333 | | DN | 03 29.3 | +31 25 | − | 6 × 3 | 페르세우스 | |
| | M45 | OC | 03 47.0 | +24 07 | 1.2 | 110 | 황소 | 플레이아데스성단 |
| 1499 | | DN | 04 00.7 | +36 37 | − | 160 × 40 | 페르세우스 | 캘리포니아성운 |
| 1514 | | PN | 04 09.2 | +30 47 | 10.0 | 2 | 황소 | |
| | Mel25 | OC | 04 27.0 | +16 00 | 0.5 | 330 | 황소 | 히아데스성단 |
| 1579 | | DN | 04 30.2 | +35 16 | − | 12 × 8 | 페르세우스 | 작지만 흥미로운 성운 |
| **영역 13** | | | | | | | | |
| 1535 | | PN | 04 14.2 | −12 44 | 9.6 | 0.3 | 에리다누스강 | |
| **영역 14** | | | | | | | | |
| 1232 | | SG | 03 09.8 | −20 35 | 10.0 | 6.8 × 5.6 | 에리다누스강 | |
| 1316 | | SG | 03 22.7 | −37 12 | 8.2 | 13.5 × 9.3 | 화로 | |
| 1332 | | SG | 03 26.3 | −21 2 | 10.5 | 5.0 × 1.8 | 에리다누스강 | |
| 1398 | | SG | 03 38.9 | −26 20 | 9.5 | 7.1 × 5.2 | 하루 | |
| 1400 | | EG | 03 39.5 | −18 41 | 11.0 | 2.8 × 2.5 | 에리다누스강 | |
| 1407 | | EG | 03 40.2 | −18 35 | 9.7 | 6.0 × 5.8 | 에리다누스강 | |
| **영역 15** | | | | | | | | |
| 1624 | | DN | 04 40.4 | +50 27 | − | 5 × 5 | 페르세우스 | |
| 1883 | | OC | 05 25.9 | +46 33 | 12.0 | 3 | 마차부 | |
| **영역 16** | | | | | | | | |
| 1647 | | OC | 04 46.0 | +19 04 | 6.4 | 45 | 황소 | 히아데스 바로 위에 위치 |
| 1664 | | OC | 04 51.1 | +43 42 | 7.6 | 18 | 마차부 | |
| 1746 | | OC | 05 03.6 | +23 49 | 6.1 | 42 | 황소 | |
| 1807 | | OC | 05 10.7 | +16 32 | 7.0 | 17 | 황소 | |
| 1817 | | OC | 05 12.1 | +16 42 | 7.7 | 15 | 황소 | |
| IC405 | | DN | 05 16.2 | +34 16 | − | 30 | 마차부 | |
| | IC410 | DN | 05 22.6 | +33 31 | − | 40 | 마차부 | |
| 1893 | | OC | 05 22.7 | +33 24 | 7.5 | 12 | 마차부 | |
| 1907 | | OC | 05 28.0 | +35 19 | 8.2 | 6 | 마차부 | M38 부근의 성단 |
| 1912 | M38 | OC | 05 28.7 | +35 50 | 6.4 | 21 | 마차부 | |
| 1931 | | EN | 05 31.4 | +34 15 | 11.3 | 4 | 마차부 | 밝고 흥미로운 작은 성운 |
| 1960 | M36 | OC | 05 36.1 | +34 08 | 6.0 | 12 | 마차부 | |
| 1952 | M1 | SR | 05 34.5 | +22 01 | 8.6 | 6 × 4 | 황소 | 게성운 |
| 2099 | M37 | OC | 05 52.4 | +32 33 | 5.6 | 20 | 마차부 | 화려하고 별이 밀집된 성단 |

| 대상 | | 분류 | 적경 | 적위 | 등급 | 시직경 | 별자리 | 비고 |
|---|---|---|---|---|---|---|---|---|
| **영역 17** | | | | | | | | |
| 1981 | | OC | 05 35.2 | -04 26 | 4.6 | 25 | 오리온 | |
| 1976 | M42 | DN | 05 35.4 | -05 27 | | 65 × 60 | 오리온 | 오리온대성운 |
| 1977 | | DN | 05 35.5 | -04 52 | | 20 × 10 | 오리온 | |
| 1982 | M43 | DN | 05 35.6 | -05 16 | | 20 × 15 | 오리온 | 오리온대성운 |
| | IC434 | DN | 05 40.9 | -02 28 | | 6 × 4 | 오리온 | B33. 말머리암흑성운 |
| 2022 | | PN | 05 42.1 | +09 05 | 11.9 | 0.3 | 오리온 | |
| 2024 | | EN | 05 41.9 | -01 51 | − | 30 | 오리온 | 크리스마스트리성운 |
| 2068 | M78 | DN | 05 46.7 | +00 03 | − | 8 × 6 | 오리온 | NGC 2071 그룹 |
| 2071 | | EN | 05 47.2 | +00 18 | − | 7 × 5 | 오리온 | M78 부근 |
| 2112 | | OC | 05 53.9 | +00 24 | 8.4 | 11 | 오리온 | |
| **영역 18** | | | | | | | | |
| 1792 | | SG | 05 05.2 | -37 59 | 9.9 | 5.5 × 2.2 | 비둘기 | |
| 1851 | | GC | 05 14.1 | -40 03 | 7.2 | 11.0 | 비둘기 | 겨울철 3대 구상성단 |
| 1904 | M79 | GC | 05 24.5 | -24 33 | 7.8 | 8.7 | 토끼 | 겨울철 드문 구상성단 |
| 1964 | | SG | 05 33.4 | -21 57 | 10.7 | 5.0 × 2.1 | 토끼 | |
| **영역 19** | | | | | | | | |
| 대상 없음 | | | | | | | | |
| **영역 20** | | | | | | | | |
| 2129 | | OC | 06 01.0 | +23 18 | 6.7 | 6 | 쌍둥이 | |
| | IC2157 | OC | 06 05.0 | +24 00 | 8.4 | 8 | 쌍둥이 | |
| 2158 | | OC | 06 07.5 | +24 06 | 8.6 | 5 | 쌍둥이 | M35 옆 |
| 2168 | M35 | OC | 06 08.9 | +24 20 | 5.1 | 28 | 쌍둥이 | 화려한 성단 |
| 2174 | | DN | 06 09.7 | +20 30 | − | 40 × 30 | 오리온 | 비교적 밝고 큰 성운 |
| 2175 | | OC | 06 09.8 | +20 19 | 6.8 | 18 | 오리온 | 2174 옆 |
| 2266 | | OC | 06 43.2 | +26 58 | 9.5 | 6 | 쌍둥이 | |
| 2281 | | OC | 06 49.3 | +41 04 | 5.4 | 14 | 마차부 | |
| 2392 | | PN | 07 29.2 | +20 55 | 9.2 | 0.3 × 0.2 | 쌍둥이 | 에스키모성운 |
| **영역 21** | | | | | | | | |
| 2169 | | OC | 06 08.4 | +13 57 | 5.9 | 6 | 오리온 | 37자모양 |
| 2237 | | DN | 06 32.3 | +05 03 | − | 80 × 60 | 외뿔소 | 장미성운 |
| 2244 | | OC | 06 32.4 | +04 52 | 4.8 | 23 | 외뿔소 | 장미성운 내의 성단 |
| 2254 | | OC | 06 36.0 | +07 40 | 9.1 | 4 | 외뿔소 | |
| 2261 | | EN | 06 39.2 | +08 44 | − | 3.5 × 1.5 | 외뿔소 | 허블변광성운 |
| 2264 | | EN | 06 41.1 | +09 53 | − | 35 × 15 | 외뿔소 | 콘성운 |
| 2301 | | OC | 06 51.8 | +00 28 | 6.0 | 12 | 외뿔소 | 은하수 내의 멋진 대상 |
| 2323 | M50 | OC | 07 03.2 | -08 20 | 5.9 | 16 | 외뿔소 | |
| 2327 | | DN | 07 04.3 | -11 18 | − | 1.5 | 큰개 | IC2177내 성운 |
| | IC2177 | DN | 07 05.3 | -10 38 | − | 120 × 40 | 큰개 | |
| 2345 | | OC | 07 08.3 | -13 10 | 7.7 | 12 | 큰개 | |
| **영역 22** | | | | | | | | |
| 2243 | | OC | 06 29.8 | -31 17 | 9.4 | 13 | 큰개 | 작고 특이한 대상 |
| 2287 | M41 | OC | 06 47.0 | -20 44 | 4.5 | 38 | 큰개 | 화려한 성단 |
| 2298 | | GC | 06 49.0 | -36 00 | 9.2 | 6.8 | 고물 | |
| 2354 | | OC | 07 14.3 | -25 44 | 6.5 | 20 | 큰개 | 은하수 내의 멋진 대상 |
| 2360 | | OC | 07 17.8 | -15 37 | 7.2 | 12 | 큰개 | |
| 2359 | | DN | 07 18.6 | -16 58 | − | 20 × 20 | 큰개 | |
| 2362 | | OC | 07 18.8 | -24 57 | 4.1 | 8 | 큰개 | 타우성 포함 |
| 2368 | | OC | 07 21.0 | -10 23 | 11.8 | 5 | 외뿔소 | |
| **영역 23** | | | | | | | | |
| 2403 | | SG | 07 36.9 | +65 36 | 8.5 | 25.5 × 13.0 | 기린 | 밝은 은하 |
| 2537 | | SG | 08 13.2 | +46 00 | 11.7 | 1.6 × 1.4 | 작은사자 | 곰발은하 |
| 2681 | | SG | 08 53.5 | +51 19 | 10.3 | 3.5 × 3.5 | 큰곰 | |

| 대상 | | 분류 | 적경 | 적위 | 등급 | 시직경 | 별자리 | 비고 |
|---|---|---|---|---|---|---|---|---|
| **영역 24** | | | | | | | | |
| 2419 | | GC | 07 38.1 | +38 53 | 10.3 | 4.1 | 살쾡이 | 겨울철 드문 구상성단 |
| 2420 | | OC | 07 38.5 | +21 34 | 8.3 | 10 | 쌍둥이 | 멋진 대상 |
| 2632 | M44 | OC | 08 40.1 | +19 59 | 3.1 | 95 | 게 | 프레세페성단 |
| 2683 | | SG | 08 52.7 | +33 25 | 9.8 | 8.4 × 2.4 | 이리 | 봄철의 대표적 은하 |
| **영역 25** | | | | | | | | |
| 2422 | M47 | | 07 36.6 | −14 30 | 4.4 | 29 | 고물 | 화려한 성단 |
| 2438 | | PN | 07 41.8 | −14 44 | 10.1 | 1.1 | 고물 | M46 내부에 위치 |
| 2437 | M46 | | 07 41.8 | −14 49 | 6.1 | 27 | 고물 | 밀집된 성단 |
| 2539 | | OC | 08 10.7 | −12 50 | 6.5 | 21 | 고물 | |
| 2548 | M48 | OC | 08 13.8 | −05 48 | 5.8 | 54 | 바다뱀 | |
| 2682 | M67 | OC | 08 50.4 | +11 49 | 6.9 | 29 | 게 | 화려한 성단 |
| **영역 26** | | | | | | | | |
| 2440 | | PN | 07 41.9 | −18 13 | 9.4 | 0.3 | 고물 | |
| 2447 | M93 | | 07 44.6 | −23 52 | 6.2 | 22 | 고물 | |
| 2451 | | OC | 07 45.4 | −37 58 | 2.8 | 45 | 고물 | 남천의 이중성단 |
| 2477 | | OC | 07 52.3 | −38 33 | 5.8 | 27 | 고물 | 남천의 이중성단 |
| 2613 | | SG | 08 33.4 | −22 58 | 10.5 | 7.6 × 1.9 | 나침반 | |
| 2627 | | OC | 08 37.3 | −29 57 | 8.4 | 11 | 나침반 | |
| **영역 27** | | | | | | | | |
| 2768 | | EG | 09 11.6 | +60 02 | 9.9 | 6.6 × 3.2 | 큰곰 | |
| 2787 | | SG | 09 19.3 | +69 12 | 10.8 | 3.5 × 2.4 | 큰곰 | |
| 2841 | | SG | 09 22.0 | +50 58 | 9.2 | 6.8 × 3.3 | 큰곰 | 봄철의 멋진 은하 |
| 2950 | | SG | 09 42.6 | +58 51 | 10.9 | 3.3 × 2.4 | 큰곰 | |
| 2985 | | SG | 09 50.4 | +72 17 | 10.4 | 3.9 × 3.0 | 큰곰 | |
| 3031 | M81 | SG | 09 55.6 | +69 04 | 6.9 | 24 × 13 | 큰곰 | 거대 나선은하 |
| 3034 | M82 | IG | 09 55.8 | +69 41 | 8.4 | 12 × 5.6 | 큰곰 | M81 옆 |
| 3077 | | IG | 10 03.3 | +68 44 | 9.8 | 5.5 × 4.1 | 큰곰 | |
| 3147 | | SG | 10 16.9 | +73 24 | 10.6 | 4.3 × 3.7 | 용 | |
| **영역 28** | | | | | | | | |
| 2859 | | SG | 09 24.3 | +34 31 | 10.9 | 4.6 × 4.1 | 작은사자 | |
| 2903 | | SG | 09 32.2 | +21 30 | 9.0 | 12.0 × 5.6 | 사자 | 봄철의 대표적 은하 |
| 3184 | | SG | 10 18.3 | +41 25 | 9.8 | 7.8 × 7.2 | 큰곰 | 뮤우성 부근 |
| 3226 | | SG | 10 23.4 | +19 54 | 11.4 | 2.5 × 2.2 | 사자 | Arp 94, 3227 옆 |
| 3227 | | SG | 10 23.5 | +19 52 | 10.3 | 6.9 × 5.4 | 사자 | 3226 옆 |
| **영역 29** | | | | | | | | |
| 2775 | | SG | 09 10.3 | +07 02 | 10.1 | 4.6 × 3.7 | 게 | |
| 3115 | | EG | 10 05.2 | −07 43 | 8.9 | 8.1 × 2.8 | 육분의 | |
| **영역 30** | | | | | | | | |
| 2997 | | SG | 09 45.6 | −31 11 | 9.3 | 10.0 × 6.3 | 펌프 | |
| 3242 | | PN | 10 24.8 | −18 38 | 7.8 | 0.3 | 바다뱀 | 목성상성운 |
| **영역 31** | | | | | | | | |
| 3310 | | IG | 10 38.7 | +53 30 | 10.8 | 3.5 × 3.2 | 큰곰 | Arp 217 |
| 3556 | M108 | SG | 11 11.5 | +55 40 | 10.0 | 8.1 × 2.1 | 큰곰 | |
| 3587 | M97 | PN | 11 14.8 | +55 01 | 9.9 | 3.4 × 3.3 | 큰곰 | 올빼미성운 |
| 3877 | | SG | 11 46.1 | +47 30 | 11.0 | 5.1 × 1.1 | 큰곰 | 치성에서 17분 떨어짐 |
| 3953 | | SG | 11 53.8 | +52 20 | 10.1 | 6.0 × 3.2 | 큰곰 | M109 부근 |
| 3992 | M109 | | 11 57.6 | +53 23 | 9.8 | 7.6 × 4.3 | 큰곰 | 감마성 부근 |

| 대상 | | 분류 | 적경 | 적위 | 등급 | 시직경 | 별자리 | 비고 |
|---|---|---|---|---|---|---|---|---|
| **영역 32** | | | | | | | | |
| 3432 | | SG | 10 52.4 | +36 37 | 11.2 | 6.9 × 1.9 | 작은사자 | |
| 3504 | | SG | 11 03.2 | +27 58 | 10.9 | 2.3 × 2.3 | 작은사자 | |
| 3607 | | SG | 11 16.9 | +18 03 | 9.9 | 4.6 × 4.1 | 사자 | |
| 3626 | | SG | 11 20.1 | +18 21 | 11.0 | 2.6 × 1.8 | 사자 | |
| 3675 | | SG | 11 26.1 | +43 35 | 10.2 | 6.2 × 3.2 | 큰곰 | |
| 3941 | | SG | 11 52.9 | +36 59 | 10.3 | 3.7 × 2.6 | 큰곰 | |
| **영역 33** | | | | | | | | |
| 3351 | M95 | SG | 10 44.0 | +11 42 | 9.7 | 7.8 × 4.6 | 사자 | |
| 3368 | M96 | SG | 10 46.8 | +11 49 | 9.2 | 6.9 × 4.6 | 사자 | |
| 3377 | | EG | 10 47.7 | +13 59 | 10.4 | 4.1 × 2.6 | 사자 | |
| 3379 | M105 | EG | 10 47.8 | +12 35 | 9.3 | 3.9 × 3.9 | 사자 | |
| 3384 | | SG | 10 48.3 | +12 38 | 9.9 | 5.5 × 2.9 | 사자 | |
| 3412 | | SG | 10 50.9 | +13 25 | 10.5 | 3.3 × 2.0 | 사자 | |
| 3489 | | SG | 11 00.3 | +13 54 | 10.3 | 3.2 × 2.0 | 사자 | |
| 3521 | | SG | 11 08.5 | −00 02 | 9.0 | 12.5 × 6.5 | 사자 | 작지만 밝은 은하 |
| 3623 | M65 | SG | 11 18.9 | +13 05 | 9.3 | 8.7 × 2.2 | 사자 | M66 옆 |
| 3627 | M66 | SG | 11 20.2 | +12 59 | 8.9 | 8.2 × 3.9 | 사자 | M65 옆 |
| 3628 | | SG | 11 20.3 | +13 36 | 9.5 | 14.0 × 4.0 | 사자 | M65, M66 부근 |
| 3640 | | EG | 11 21.1 | +03 14 | 10.4 | 4.6 × 4.1 | 사자 | |
| 3810 | | SG | 11 41.0 | +11 28 | 10.8 | 3.8 × 2.6 | 사자 | |
| **영역 34** | | | | | | | | |
| 3621 | | SG | 11 18.3 | −32 49 | 8.9 | 9.8 × 4.6 | 바다뱀 | |
| **영역 35** | | | | | | | | |
| 4036 | | SG | 12 01.4 | +61 54 | 10.7 | 3.8 × 1.9 | 큰곰 | |
| 4088 | | SG | 12 05.6 | +50 33 | 10.6 | 5.4 × 2.1 | 큰곰 | |
| 4125 | | EG | 12 08.1 | +65 11 | 9.7 | 6.1 × 5.1 | 용 | |
| 4258 | M106 | SG | 12 19.0 | +47 18 | 8.6 | 20.0 × 8.4 | 사냥개 | |
| 4589 | | EG | 12 37.4 | +74 12 | 10.7 | 3.0 × 2.7 | 용 | |
| 4605 | | SG | 12 40.0 | +61 37 | 10.3 | 6.4 × 2.3 | 큰곰 | |
| 5194 | M51 | SG | 13 29.9 | +47 12 | 8.4 | 8.2 × 6.9 | 큰곰 | 부자은하 |
| 5195 | | IG | 13 30.0 | +47 16 | 9.6 | 6.4 × 4.6 | 큰곰 | M51 옆 |
| **영역 36** | | | | | | | | |
| 4051 | | SG | 12 03.2 | +44 32 | | 5.5 × 4.6 | 큰곰 | |
| 4111 | | SG | 12 07.1 | +43 04 | 10.7 | 4.4 × 0.9 | 사냥개 | |
| 4147 | | GC | 12 10.1 | +18 33 | 10.2 | 4.0 | 머리털 | |
| 4214 | | SG | 12 15.6 | +36 20 | 9.8 | 10.0 × 8.3 | 사냥개 | |
| 4274 | | SG | 12 19.8 | +29 37 | 10.4 | 6.7 × 2.5 | 머리털 | |
| 4278 | | SG | 12 20.1 | +29 17 | 10.2 | 3.5 × 3.5 | 머리털 | |
| | Mel111 | OC | 12 22.6 | +26 24 | 1.8 | 275 | 머리털 | |
| 4314 | | SG | 12 22.6 | +29 53 | 10.6 | 4.2 × 4.1 | 머리털 | |
| 4321 | M100 | SG | 12 22.9 | +15 49 | 9.3 | 6.2 × 5.3 | 머리털 | |
| 4382 | M85 | SG | 12 25.4 | +18 11 | 9.1 | 7.5 × 5.7 | 머리털 | |
| 4414 | | SG | 12 26.4 | +31 13 | 10.1 | 4.4 × 3.0 | 머리털 | |
| 4449 | | IG | 12 28.2 | +44 06 | 9.6 | 5.5 × 4.1 | 사냥개 | 특이 형상 은하 |
| 4450 | | SG | 12 28.5 | +17 05 | 10.1 | 5.0 × 3.4 | 머리털 | |
| 4490 | | SG | 12 30.6 | +41 38 | 9.8 | 6.4 × 3.3 | 사냥개 | 옆에 작은 은하 4485 |
| 4494 | | SG | 12 31.4 | +25 47 | 9.8 | 4.6 × 4.4 | 머리털 | |
| 4559 | | SG | 12 36.0 | +27 58 | 10.0 | 12.0 × 4.9 | 머리털 | 상당히 밝은 은하 |
| 4565 | | SG | 12 36.3 | +25 59 | 9.6 | 14.0 × 1.8 | 머리털 | 가장 멋진 측면은하 |
| 4631 | | SG | 12 42.1 | +32 32 | 9.2 | 15.5 × 3.3 | 사냥개 | 측면은하, 4627 옆 |
| 4656 | | SG | 12 44.0 | +32 10 | 10.5 | 20.0 × 2.9 | 사냥개 | 4657의 옆의 특이 은하 |
| 4725 | | SG | 12 50.4 | +25 30 | 9.4 | 11.0 × 8.3 | 머리털 | 봄철의 밝은 은하 |
| 4736 | M94 | SG | 12 50.9 | +41 07 | 8.2 | 13.0 × 11.0 | 사냥개 | |
| 4826 | M64 | SG | 12 56.7 | +21 41 | 8.5 | 9.2 × 4.6 | 머리털 | |
| 5005 | | SG | 13 10.9 | +37 03 | 9.8 | 5.8 × 2.8 | 사냥개 | |
| 5024 | M53 | GC | 13 12.9 | +18 10 | 7.5 | 12.6 | 머리털 | |
| 5055 | M63 | SG | 13 15.8 | +42 02 | 8.6 | 13.5 × 8.3 | 사냥개 | |

| 대상 | | 분류 | 적경 | 적위 | 등급 | 시직경 | 별자리 | 비고 |
|---|---|---|---|---|---|---|---|---|
| **영역 37** | | | | | | | | |
| 4192 | M98 | SG | 12 13.8 | +14 54 | 10.1 | 9.1 × 2.1 | 머리털 | |
| 4254 | M99 | SG | 12 18.8 | +14 25 | 9.9 | 4.6 × 4.3 | 머리털 | |
| 4261 | | EG | 12 19.4 | +05 49 | 10.4 | 3.5 × 3.1 | 처녀 | |
| 4303 | M61 | SG | 12 21.9 | +04 28 | 9.7 | 6.0 × 5.9 | 처녀 | |
| 4374 | M84 | EG | 12 25.1 | +12 53 | 9.1 | 5.1 × 4.1 | 처녀 | |
| 4388 | | SG | 12 25.8 | +12 40 | 11.0 | 5.7 × 1.6 | 처녀 | |
| 4402 | | SG | 12 26.1 | +13 07 | 11.8 | 3.5 × 1.0 | 처녀 | |
| 4406 | M86 | EG | 12 26.2 | +12 57 | 8.9 | 12.0 × 9.3 | 처녀 | |
| 4413 | | SG | 12 26.5 | +12 37 | 12.2 | 2.2 × 1.6 | 처녀 | |
| 4425 | | SG | 12 27.2 | +12 44 | 11.8 | 2.7 × 0.8 | 처녀 | |
| 4429 | | SG | 12 27.4 | +11 07 | 10.0 | 5.6 × 2.6 | 처녀 | |
| 4435 | | SG | 12 27.7 | +13 05 | 10.8 | 3.2 × 2.0 | 처녀 | 4438 옆 |
| 4438 | | SG | 12 27.8 | +13 01 | 10.2 | 8.9 × 3.6 | 처녀 | |
| 4442 | | SG | 12 28.1 | +09 48 | 10.4 | 4.6 × 1.9 | 처녀 | |
| 4461 | | SG | 12 29.0 | +13 11 | 11.2 | 3.7 × 1.4 | 처녀 | |
| 4458 | | EG | 12 29.0 | +13 15 | 12.1 | 1.5 × 1.5 | 처녀 | |
| 4459 | | SG | 12 29.0 | +13 59 | 10.4 | 3.5 × 2.8 | 머리털 | |
| 4472 | M49 | EG | 12 29.8 | +08 00 | 8.4 | 8.1 × 7.1 | 처녀 | |
| 4473 | | EG | 12 29.8 | +13 26 | 10.2 | 3.7 × 2.4 | 머리털 | |
| 4476 | | SG | 12 30.0 | +12 21 | 12.2 | 1.7 × 1.1 | 처녀 | |
| 4477 | | SG | 12 30.0 | +13 38 | 10.4 | 3.9 × 3.6 | 머리털 | |
| 4478 | | EG | 12 30.3 | +12 20 | 11.4 | 1.7 × 1.4 | 처녀 | |
| 4486 | M87 | EG | 12 30.8 | +12 24 | 8.6 | 7.1 × 7.1 | 처녀 | |
| 4501 | M88 | SG | 12 32.0 | +14 25 | 9.6 | 6.1 × 2.8 | 머리털 | |
| 4535 | | SG | 12 34.3 | +08 12 | 10.0 | 7.1 × 6.4 | 처녀 | |
| 4548 | M91 | SG | 12 35.4 | +14 30 | 10.2 | 5.0 × 4.1 | 머리털 | |
| 4550 | | SG | 12 35.5 | +12 13 | 11.7 | 3.3 × 1.0 | 처녀 | |
| 4546 | | SG | 12 35.5 | −03 48 | 10.3 | 3.2 × 1.4 | 처녀 | |
| 4551 | | EG | 12 35.6 | +12 16 | 12.0 | 1.7 × 1.5 | 처녀 | |
| 4552 | M89 | EG | 12 35.7 | +12 33 | 9.8 | 3.4 × 3.4 | 처녀 | |
| 4564 | | EG | 12 36.4 | +11 26 | 11.1 | 2.6 × 1.7 | 처녀 | |
| 4567 | | SG | 12 36.5 | +11 15 | 11.3 | 2.7 × 2.3 | 처녀 | 쌍둥이은하 |
| 4568 | | SG | 12 36.6 | +11 14 | 10.8 | 4.7 × 2.2 | 처녀 | 쌍둥이은하 |
| 4569 | M90 | SG | 12 36.8 | +13 10 | 9.5 | 10.5 × 4.4 | 처녀 | |
| 4579 | M58 | SG | 12 37.7 | +11 49 | 9.7 | 5.5 × 4.6 | 처녀 | |
| 4621 | M59 | EG | 12 42.0 | +11 39 | 9.6 | 4.6 × 3.6 | 처녀 | |
| 4594 | M104 | SG | 12 40.0 | −11 37 | 8.0 | 7.1 × 4.4 | 처녀 | 솜브레로은하 |
| 4638 | | SG | 12 42.8 | +11 26 | 11.2 | 2.9 × 2.0 | 처녀 | |
| 4636 | | EG | 12 42.8 | +02 41 | 9.5 | 7.1 × 5.2 | 처녀 | |
| 4639 | | SG | 12 42.9 | +13 15 | 11.5 | 2.9 × 2.0 | 처녀 | |
| 4643 | | SG | 12 43.3 | +01 59 | 10.8 | 3.0 × 3.0 | 처녀 | |
| 4647 | | SG | 12 43.5 | +11 35 | 11.3 | 2.7 × 2.2 | 처녀 | |
| 4649 | M60 | EG | 12 43.7 | +11 33 | 8.8 | 7.1 × 6.1 | 처녀 | |
| 4654 | | SG | 12 44.0 | +13 08 | 10.5 | 4.9 × 2.7 | 처녀 | |
| 4660 | | EG | 12 44.5 | +11 11 | 11.2 | 2.4 × 2.1 | 처녀 | |
| 4697 | | SG | 12 48.6 | −05 48 | 9.2 | 4.4 × 2.4 | 처녀 | |
| 4699 | | SG | 12 49.0 | −08 40 | 9.5 | 4.4 × 3.2 | 처녀 | 밝은 은하 |
| 4754 | | SG | 12 52.3 | +11 19 | 10.6 | 4.6 × 2.6 | 처녀 | |
| **영역 38** | | | | | | | | |
| 4038 | | SG | 12 01.9 | −18 52 | 10.5 | 5.4 × 3.9 | 까마귀 | Ring tail 은하 |
| 4361 | | PN | 12 24.5 | −18 48 | 10.9 | 0.8 | 까마귀 | 사각형 중앙 위치 |
| 4590 | M68 | GC | 12 39.5 | −26 45 | 7.7 | 12 | 바다뱀 | |
| 5128 | | IG | 13 25.5 | −43 01 | 6.7 | 31.0 × 23.0 | 센타우루스 | 센타우루스A |
| 5139 | | GC | 13 26.8 | −47 29 | 3.5 | 36.3 | 센타우루스 | 오메가 센타우리 |
| **영역 39** | | | | | | | | |
| 5322 | | EG | 13 43.9 | +60 12 | 10.2 | 6.1 × 4.1 | 큰곰 | |
| 5457 | M101 | SG | 14 03.2 | +54 21 | 7.9 | 26.0 × 26.0 | 큰곰 | |

| 대상 | | 분류 | 적경 | 적위 | 등급 | 시직경 | 별자리 | 비고 |
|---|---|---|---|---|---|---|---|---|
| **영역 40** | | | | | | | | |
| 5272 | M3 | GC | 13 42.2 | +28 23 | 5.9 | 16.2 | 사냥개 | 대형 구상성단 |
| 5466 | | GC | 14 05.5 | +28 32 | 9.0 | 11 | 목동 | 봄철의 구상성단 |
| **영역 41** | | | | | | | | |
| 5363 | | IG | 13 56.1 | +05 15 | 10.1 | 5.0 × 3.2 | 처녀 | |
| 5566 | | SG | 14 20.3 | +03 56 | 10.6 | 5.7 × 2.1 | 처녀 | |
| 5634 | | GC | 14 29.6 | −05 59 | 9.4 | 4.9 | 처녀 | |
| 5746 | | SG | 14 44.9 | +01 57 | 10.3 | 6.8 × 1.0 | 처녀 | 밝은 측면은하 |
| **영역 42** | | | | | | | | |
| 5236 | M83 | SG | 13 37.0 | −29 52 | 7.6 | 15.5 × 13.0 | 바다뱀 | 대형 나선은하 |
| 5253 | | EG | 13 39.9 | −31 39 | 10.2 | 5.1 × 2.3 | 센타우루스 | |
| 5694 | | GC | 14 39.6 | −26 32 | 9.2 | 3.6 | 바다뱀 | |
| **영역 43** | | | | | | | | |
| 5866 | M102 | SG | 15 06.5 | +55 46 | 9.9 | 6.6 × 3.2 | 용 | |
| 5907 | | SG | 15 15.9 | +56 20 | 10.3 | 11.5 × 1.7 | 용 | |
| 5982 | | EG | 15 38.7 | +59 21 | 11.1 | 3.0 × 2.2 | 용 | 5985 부근 |
| **영역 44** | | | | | | | | |
| 대상 없음 | | | | | | | | |
| **영역 45** | | | | | | | | |
| 5846 | | EG | 15 06.4 | +01 36 | 10.0 | 3.0 × 3.0 | 처녀 | |
| 5904 | M5 | GC | 15 18.6 | +02 05 | 5.7 | 17.4 | 뱀 | |
| **영역 46** | | | | | | | | |
| 5824 | | GC | 15 04.0 | −33 04 | 7.8 | 6.2 | 이리 | |
| 5897 | | GC | 15 17.4 | −21 01 | 8.6 | 12.6 | 천칭 | |
| 5986 | | GC | 15 46.1 | −37 47 | 7.5 | 9.8 | 이리 | |
| | IC4592 | DN | 16 12.0 | −19 28 | − | 150 × 60 | 전갈 | 누(Nu)성 옆 |
| 6093 | M80 | GC | 16 17.0 | −22 59 | 7.3 | 8.9 | 전갈 | |
| | IC4601 | DN | 16 20.0 | −20 02 | − | 20 × 10 | 전갈 | |
| 6121 | M4 | GC | 16 23.6 | −26 32 | 5.8 | 26.3 | 전갈 | 대형 구상성단 |
| 6144 | | GC | 16 27.3 | −26 02 | 9.0 | 9.3 | 전갈 | 안타레스 부근 |
| 6139 | | GC | 16 27.7 | −38 51 | 8.9 | 5.5 | 전갈 | |
| **영역 47** | | | | | | | | |
| 6229 | | GC | 16 47.0 | +47 32 | 9.4 | 4.5 | 헤르쿨레스 | |
| 6503 | | SG | 17 49.4 | +70 09 | 10.2 | 7.3 × 2.4 | 용 | |
| 6543 | | PN | 17 58.6 | +66 38 | 8.1 | 0.4 × 0.3 | 용 | 천의 북극 주변 위치한 멋진 대상 |
| **영역 48** | | | | | | | | |
| 6205 | M13 | GC | 16 41.7 | +36 28 | 5.7 | 17 | 헤르쿨레스 | 거대 구상성단 |
| 6207 | | SG | 16 43.1 | +36 50 | 11.6 | 3.0 × 1.4 | 헤르쿨레스 | |
| 6210 | | PN | 16 44.5 | +23 49 | 8.8 | 0.2 | 헤르쿨레스 | H 내부 위치 |
| 6341 | M92 | GC | 17 17.1 | +43 08 | 6.4 | 11.2 | 헤르쿨레스 | |
| **영역 49** | | | | | | | | |
| 6171 | M107 | GC | 16 32.5 | −13 03 | 8.1 | 10 | 뱀주인 | |
| 6218 | M12 | GC | 16 47.2 | −01 57 | 6.8 | 14.5 | 뱀주인 | |
| 6254 | M10 | GC | 16 57.1 | −04 06 | 6.6 | 15.1 | 뱀주인 | |
| 6366 | | GC | 17 27.7 | −05 05 | 8.9 | 8.3 | 뱀주인 | |
| 6402 | M14 | GC | 17 37.6 | −03 15 | 7.6 | 11.7 | 뱀주인 | |
| 6426 | | GC | 17 44.9 | +03 00 | 11.1 | 3.2 | 뱀주인 | |
| | IC4665 | OC | 17 46.3 | +05 43 | 4.2 | 40 | 뱀주인 | |

| 대상 | | 분류 | 적경 | 적위 | 등급 | 시직경 | 별자리 | 비고 |
|---|---|---|---|---|---|---|---|---|
| **영역 50** | | | | | | | | |
| 6235 | | GC | 16 53.4 | −22 11 | 10.0 | 5.0 | 뱀주인 | |
| 6231 | | OC | 16 54.0 | −41 48 | 2.6 | 14 | 전갈 | 제타성 포함 |
| 6266 | M62 | GC | 17 01.2 | −30 07 | 6.7 | 14.1 | 뱀주인 | |
| 6287 | | GC | 17 02.1 | −22 38 | 9.9 | 1.7 | 뱀주인 | |
| 6273 | M19 | GC | 17 02.6 | −26 16 | 6.7 | 13.5 | 뱀주인 | |
| 6284 | | GC | 17 04.5 | −24 46 | 8.9 | 5.6 | 뱀주인 | |
| 6293 | | GC | 17 10.2 | −26 35 | 8.2 | 7.9 | 뱀주인 | M19 부근 |
| 6302 | | PN | 17 13.7 | −37 06 | 9.6 | 0.8 | 전갈 | 벅(bug)성운 |
| 6304 | | GC | 17 14.5 | −29 28 | 8.4 | 6.8 | 뱀주인 | 소형 구상성단 |
| 6316 | | GC | 17 16.6 | −28 08 | 8.8 | 4.9 | 뱀주인 | |
| 6325 | | GC | 17 18.0 | −23 46 | 10.6 | 4.3 | 뱀주인 | |
| 6333 | M9 | GC | 17 19.2 | −18 31 | 7.6 | 9.3 | 뱀주인 | |
| 6334 | | DN | 17 20.4 | −35 51 | − | 35 × 20 | 전갈 | |
| 6342 | | GC | 17 21.2 | −19 35 | 9.8 | | 뱀주인 | |
| 6356 | | GC | 17 23.6 | −17 49 | 8.2 | 7.2 | 뱀주인 | M9 부근 |
| 6355 | | GC | 17 24.0 | −26 21 | 9.7 | 5 | 뱀주인 | |
| 6357 | | DN | 17 24.7 | −34 12 | − | 25 | 전갈 | |
| 6405 | M6 | OC | 17 40.1 | −32 13 | 4.2 | 33 | 전갈 | 나비성단 |
| 6440 | | GC | 17 48.9 | −20 22 | 9.1 | 5.4 | 궁수 | |
| 6441 | | GC | 17 50.2 | −37 03 | 7.2 | 7.8 | 전갈 | G 옆 |
| 6453 | | GC | 17 50.9 | −34 36 | 9.8 | 3.5 | 전갈 | M7 옆 |
| 6475 | M7 | OC | 17 53.9 | −34 49 | 3.3 | 80 | 전갈 | 밝고 화려한 대형 성단 |
| 6494 | M23 | OC | 17 56.8 | −19 01 | 5.5 | 27 | 전갈 | |
| **영역 51** | | | | | | | | |
| 대상 없음 | | | | | | | | |
| **영역 52** | | | | | | | | |
| 6720 | M57 | PN | 18 53.6 | +33 02 | 8.8 | 1.4 × 1.0 | 거문고 | |
| 6779 | M56 | GC | 19 16.6 | +30 11 | 8.3 | 7.1 | 거문고 | |
| 6791 | | OC | 19 20.7 | +37 51 | 9.5 | 15 | 거문고 | |
| | Cr399 | OC | 19 25.4 | +20 11 | 3.6 | 60 | 여우 | 브로치성단 |
| **영역 53** | | | | | | | | |
| 6517 | | GC | 18 01.8 | −08 58 | 10.3 | 4.3 | 뱀주인 | |
| 6535 | | GC | 18 03.8 | −00 18 | 10.5 | 3.6 | 뱀 | |
| 6572 | | PN | 18 12.1 | +06 51 | 8.1 | 0.1 | 뱀주인 | 행성상성운 |
| 6611 | M16 | DN | 18 18.8 | −13 47 | 6.0 | 21 | 뱀 | |
| 6633 | | OC | 18 27.7 | +06 34 | 4.6 | 27 | 뱀주인 | |
| | IC1287 | DN | 18 30.4 | −10 48 | − | 20 × 10 | 방패 | |
| | IC4756 | OC | 18 39.0 | +05 27 | 4.6 | 52 | 뱀 | |
| 6704 | | OC | 18 50.9 | −05 12 | 9.2 | 6 | 방패 | |
| 6694 | M26 | OC | 18 45.2 | −09 24 | 8.0 | 14 | 방패 | |
| 6705 | M11 | OC | 18 51.1 | −06 16 | 5.8 | 13 | 방패 | |
| 6712 | | GC | 18 53.1 | −08 42 | 8.2 | 7.2 | 방패 | |
| 6756 | | OC | 19 08.7 | +04 41 | 10.6 | 4 | 독수리 | |
| 6760 | | GC | 19 11.2 | +01 02 | 9.1 | 6.6 | 독수리 | |

| 대상 | 분류 | | 적경 | 적위 | 등급 | 시직경 | 별자리 | 비고 |
|---|---|---|---|---|---|---|---|---|
| **영역 54** | | | | | | | | |
| 6514 | M20 | DN | 18 02.3 | −23 02 | − | 20 × 20 | 궁수 | 삼렬성운 |
| 6520 | | OC | 18 03.4 | −27 54 | 7.6 | 6 | 궁수 | 암흑성운 B86 포함 |
| 6522 | | GC | 18 03.6 | −30 02 | 8.4 | 5.6 | 궁수 | 쌍둥이성단 |
| 6523 | M8 | DN | 18 03.8 | −24 23 | − | 45 × 30 | 궁수 | 석호성운 |
| 6531 | M21 | OC | 18 04.6 | −22 30 | 5.9 | 13 | 궁수 | M20 옆 |
| 6528 | | GC | 18 04.8 | −30 03 | 9.5 | 3.7 | 궁수 | 쌍둥이성단 |
| 6546 | | OC | 18 07.2 | −23 20 | 8.0 | 13 | 궁수 | |
| 6544 | | GC | 18 07.3 | −25 00 | 8.1 | 8.9 | 궁수 | |
| 6541 | | GC | 18 08.0 | −43 42 | 6.1 | 13.1 | 남쪽왕관 | 남천 구상성단 |
| 6553 | | GC | 18 09.3 | −25 54 | 8.1 | 8.1 | 궁수 | |
| 6568 | | OC | 18 12.8 | −21 36 | 8.6 | 12 | 궁수 | |
| 6569 | | GC | 18 13.6 | −31 50 | 8.7 | 5.8 | 궁수 | 은하수 중심 부근 |
| 6567 | | PN | 18 13.7 | −19 05 | 11.0 | 0.1 | 궁수 | |
| 6589 | | DN | 18 16.9 | −19 47 | − | 5 × 3 | 궁수 | |
| 6590 | | DN | 18 17.1 | −19 52 | − | 4 × 3 | 궁수 | |
| 6603 | M24 | OC | 18 18.4 | −18 25 | 11.1 | 5 | 궁수 | |
| 6613 | M18 | OC | 18 19.9 | −17 08 | 6.9 | 10 | 궁수 | |
| 6618 | M17 | DN | 18 20.8 | −16 11 | 6.0 | 20 × 15 | 궁수 | 오메가성운 |
| 6624 | | GC | 18 23.7 | −30 22 | 8.0 | 5.9 | 궁수 | 델타성 옆 |
| 6626 | M28 | GC | 18 24.5 | −24 52 | 6.8 | 11.2 | 궁수 | |
| 6629 | | PN | 18 25.7 | −23 12 | 11.3 | 0.3 | 궁수 | |
| 6637 | M69 | GC | 18 31.4 | −32 21 | 7.6 | 7.1 | 궁수 | |
| 6638 | | GC | 18 30.9 | −25 30 | 9.1 | 5.0 | 궁수 | |
| IC4725 | M25 | OC | 18 31.6 | −19 15 | 4.6 | 32 | 궁수 | |
| 6645 | | OC | 18 32.6 | −16 54 | 8.5 | 10 | 궁수 | |
| 6652 | | GC | 18 35.8 | −32 59 | 8.8 | 3.5 | 궁수 | |
| 6656 | M22 | GC | 18 36.4 | −23 54 | 5.1 | 24 | 궁수 | |
| 6681 | M70 | GC | 18 43.2 | −32 18 | 8.0 | 7.8 | 궁수 | |
| 6715 | M54 | GC | 18 55.1 | −30 29 | 7.6 | 9.1 | 궁수 | |
| 6723 | | GC | 18 59.6 | −36 38 | 7.3 | 11.0 | 궁수 | 대형 구상성단 |
| 6726 | | DN | 19 01.7 | −36 53 | − | 9 × 7 | 남쪽왕관 | |
| **영역 55** | | | | | | | | |
| 6811 | | OC | 19 36.9 | +46 23 | 6.8 | 20 | 백조 | |
| 6826 | | PN | 19 44.8 | +50 31 | 8.8 | 0.5 × 0.4 | 백조 | 깜박이는 행성상성운 |
| 6939 | | OC | 20 31.4 | +60 38 | 7.8 | 7 | 세페우스 | 은하 6946 옆 |
| 6946 | | SG | 20 34.8 | +60 09 | 8.8 | 13.0 × 13.0 | 세페우스 | |
| **영역 56** | | | | | | | | |
| 6819 | | OC | 19 41.3 | +40 11 | 7.3 | 9.5 | 백조 | 밀집된 작은 성단 |
| 6823 | | OC | 19 43.1 | +23 18 | 7.1 | 12 | 여우 | |
| 6830 | | OC | 19 51.0 | +23 04 | 7.9 | 12 | 여우 | |
| 6834 | | OC | 19 52.2 | +29 25 | 7.8 | 5 | 백조 | |
| 6838 | M71 | GC | 19 53.8 | +18 47 | 8.0 | 7.2 | 화살 | |
| 6853 | M27 | PN | 19 59.6 | +22 43 | 7.6 | 8 × 4 | 여우 | 대형 행성상성운 |
| 6866 | | OC | 20 03.8 | +44 09 | 7.6 | 6 | 백조 | |
| 6871 | | OC | 20 05.9 | +35 47 | 5.2 | 20 | 백조 | |
| 6888 | | SN | 20 12.0 | +38 21 | − | 18 × 13 | 백조 | |
| 6885 | | OC | 20 12.0 | +26 29 | 8.1 | 7 | 여우 | |
| | IC1318 | DN | 20 14.3 | +39 54 | − | 70 × 20 | 백조 | 감마성 부근 성운 |
| | IC4996 | OC | 20 16.5 | +37 38 | 7.3 | 5 | 백조 | |
| 6910 | | OC | 20 23.1 | +40 47 | 7.4 | 7 | 백조 | 감마성 부근 Y성단 |
| 6913 | M29 | OC | 20 23.9 | +38 32 | 6.6 | 6 | 백조 | |
| 6940 | | OC | 20 34.6 | +28 18 | 6.3 | 31 | 여우 | |
| 6960 | | EN | 20 45.7 | +30 43 | − | 70 × 6 | 백조 | 베일성운, 52번성 옆 |
| IC5067 | | DN | 20 50.8 | +44 21 | − | 25 × 10 | 백조 | 펠리컨성운 |
| 6992 | | EN | 20 56.4 | +31 43 | − | 60 × 8 | 백조 | 베일성운 |
| 7000 | | EN | 20 58.8 | +44 20 | − | 120 × 100 | 백조 | 북아메리카성운 |
| 7006 | | GC | 21 01.5 | +16 11 | 10.5 | 2.8 | 돌고래 | |

| 대상 | 분류 | | 적경 | 적위 | 등급 | 시직경 | 별자리 | 비고 |
|---|---|---|---|---|---|---|---|---|
| **영역 57** | | | | | | | | |
| 6818 | | PN | 19 44.0 | −14 09 | 9.3 | 0.3 | 궁수 | 6822 위쪽 |
| 6822 | | IG | 19 44.9 | −14 48 | 8.8 | 19.1 × 14.9 | 궁수 | 바나드은하 |
| 6891 | | PN | 20 15.2 | +12 42 | 10.5 | 0.2 | 돌고래 | |
| 6934 | | GC | 20 34.2 | +07 24 | 8.7 | 5.9 | 돌고래 | |
| 6981 | M72 | GC | 20 53.5 | −12 32 | 9.3 | 5.9 | 물병 | |
| 6994 | M73 | OC | 20 59.0 | −12 38 | 8.9 | 2.8 | 물병 | |
| **영역 58** | | | | | | | | |
| 6809 | M55 | GC | 19 40.0 | −30 58 | 6.4 | 19.0 | 궁수 | |
| 6864 | M75 | GC | 20 06.1 | −21 55 | 8.5 | 6 | 궁수 | |
| **영역 59** | | | | | | | | |
| 7023 | | DN | 21 00.5 | +68 10 | − | 10 × 8 | 세페우스 | |
| 7092 | M39 | OC | 21 11.2 | +45 39 | 7.6 | 16 | 백조 | |
| | IC1396 | OC | 21 12.1 | +47 44 | 8.8 | 8 | 세페우스 | |
| 7048 | | PN | 21 14.2 | +46 16 | 12.1 | 1 | 백조 | |
| 7062 | | OC | 21 23.2 | +46 23 | 8.3 | 6 | 백조 | |
| 7129 | | DN | 21 42.8 | +66 06 | − | 7 | 세페우스 | |
| 7127 | | OC | 21 43.9 | +54 37 | 12.0 | 2.8 | 백조 | |
| 7128 | | OC | 21 44.0 | +53 43 | 9.7 | 3.1 | 백조 | |
| 7133 | | DN | 21 43.6 | +66 10 | − | 3 | 세페우스 | |
| | IC5146 | DN | 21 53.4 | +47 16 | − | 10 | 백조 | 코쿤성운 |
| 7209 | | OC | 22 05.2 | +46 30 | 7.7 | 25 | 도마뱀 | |
| | IC1434 | OC | 22 10.5 | +52 50 | 9.0 | 7 | 도마뱀 | |
| 7245 | | OC | 22 15.3 | +54 20 | 9.2 | 6.5 | 도마뱀 | |
| 7243 | | OC | 22 15.3 | +49 53 | 6.4 | 21 | 도마뱀 | |
| **영역 60** | | | | | | | | |
| 7027 | | PN | 21 07.1 | +42 14 | 8.5 | 0.3 × 0.2 | 백조 | |
| 7217 | | SG | 22 07.9 | +31 22 | 10.1 | 3.5 × 3.0 | 페가수스 | |
| **영역 61** | | | | | | | | |
| 7009 | | PN | 21 04.2 | −11 22 | 8.3 | 0.4 | 물병 | 토성상성운 |
| 7078 | M15 | GC | 21 30.0 | +12 10 | 6.0 | 12.3 | 페가수스 | |
| 7089 | M2 | GC | 21 33.5 | −00 49 | 6.4 | 12.9 | 물병 | |
| **영역 62** | | | | | | | | |
| 7099 | M30 | GC | 21 40.4 | −23 11 | 7.3 | 11 | 염소 | |
| 7293 | | PN | 22 29.6 | −20 48 | 7.3 | 15 × 12 | 물병 | 이중나선 행성상성운 |
| **영역 63** | | | | | | | | |
| | IC1470 | DN | 23 05.2 | +60 15 | − | 1.2 × 0.8 | 세페우스 | |
| 7510 | | OC | 23 11.5 | +60 34 | 7.9 | 4 | 세페우스 | 작고 밀집된 성단 |
| 7635 | | EN | 23 20.7 | +61 12 | − | 15 × 8 | 카시오페이아 | 버블성운 |
| 7654 | M52 | OC | 23 24.2 | +61 35 | 6.9 | 12 | 카시오페이아 | |
| 7762 | | OC | 23 49.8 | +68 02 | 10.0 | 11 | 세페우스 | |
| 7788 | | OC | 23 56.7 | +61 24 | 9.4 | 9 | 카시오페이아 | |
| 7789 | | OC | 23 57.0 | +56 44 | 6.7 | 15 | 카시오페이아 | 멋진 밀집된 성단 |
| 7790 | | OC | 23 58.4 | +61 13 | 8.5 | 17 | 카시오페이아 | |
| **영역 64** | | | | | | | | |
| 7331 | | SG | 22 37.1 | +34 25 | 9.5 | 10.5 × 3.7 | 페가수스 | 스테판오중주 옆 |
| 7448 | | SG | 23 00.1 | +15 59 | 11.7 | 2.5 × 1.0 | 페가수스 | |
| 7640 | | SG | 23 22.1 | +40 51 | 11.3 | 10.0 × 2.2 | 안드로메다 | |
| 7662 | | PN | 23 25.9 | +42 33 | 8.3 | 0.3 × 0.2 | 안드로메다 | |
| **영역 65** | | | | | | | | |
| 7479 | | SG | 23 04.9 | +12 19 | 10.8 | 4.0 × 3.1 | 페가수스 | |
| 7727 | | SG | 23 39.9 | −12 18 | 10.6 | 5.6 × 4.0 | 물병 | |

| 대상 | | 분류 | 적경 | 적위 | 등급 | 시직경 | 별자리 | 비고 |
|---|---|---|---|---|---|---|---|---|
| **영역 66** | | | | | | | | |
| 7492 | | GC | 23 08.4 | −15 37 | 11.4 | 6.2 | 물병 | |
| 7793 | | SG | 23 57.8 | −32 35 | 9.2 | 10.5 × 6.2 | 조각구 | |
| **머리털−** | | | | | | | | |
| **처녀자리 은하단 영역 67** | | | | | | | | |
| 4374 | M84 | EG | 12 25.1 | +12 53 | 9.1 | 5.1 × 4.1 | 처녀 | |
| 4388 | | SG | 12 25.8 | +12 40 | 11.0 | 5.7 × 1.6 | 처녀 | |
| 4402 | | SG | 12 26.1 | +13 07 | 11.8 | 3.5 × 1.0 | 처녀 | |
| 4406 | M86 | EG | 12 26.2 | +12 57 | 8.9 | 12.0 × 9.3 | 처녀 | |
| 4413 | | SG | 12 26.5 | +12 37 | 12.2 | 2.2 × 1.6 | 처녀 | |
| 4425 | | SG | 12 27.2 | +12 44 | 11.8 | 2.7 × 0.8 | 처녀 | |
| 4429 | | SG | 12 27.4 | +11 07 | 10.0 | 5.6 × 2.6 | 처녀 | |
| 4435 | | SG | 12 27.7 | +13 05 | 10.8 | 3.2 × 2.0 | 처녀 | 4438 옆 |
| 4438 | | SG | 12 27.8 | +13 01 | 10.2 | 8.9 × 3.6 | 처녀 | |
| 4461 | | SG | 12 29.0 | +13 11 | 11.2 | 3.7 × 1.4 | 처녀 | |
| 4458 | | EG | 12 29.0 | +13 15 | 12.1 | 1.5 × 1.5 | 처녀 | |
| 4459 | | SG | 12 29.0 | +13 59 | 10.4 | 3.5 × 2.8 | 머리털 | |
| 4473 | | EG | 12 29.8 | +13 26 | 10.2 | 3.7 × 2.4 | 머리털 | |
| 4476 | | SG | 12 30.0 | +12 21 | 12.2 | 1.7 × 1.1 | 처녀 | |
| 4477 | | SG | 12 30.0 | +13 38 | 10.4 | 3.9 × 3.6 | 머리털 | |
| 4478 | | EG | 12 30.3 | +12 20 | 11.4 | 1.7 × 1.4 | 처녀 | |
| 4486 | M87 | EG | 12 30.8 | +12 24 | 8.6 | 7.1 × 7.1 | 처녀 | |
| 4501 | M88 | SG | 12 32.0 | +14 25 | 9.6 | 6.1 × 2.8 | 머리털 | |
| 4548 | M91 | SG | 12 35.4 | +14 30 | 10.2 | 5.0 × 4.1 | 머리털 | |
| 4550 | | SG | 12 35.5 | +12 13 | 11.7 | 3.3 × 1.0 | 처녀 | |
| 4551 | | EG | 12 35.6 | +12 16 | 12.0 | 1.7 × 1.5 | 처녀 | |
| 4552 | M89 | EG | 12 35.7 | +11 33 | 9.8 | 3.4 × 3.4 | 처녀 | |
| 4564 | | EG | 12 36.4 | +11 26 | 11.1 | 2.6 × 1.7 | 처녀 | |
| 4567 | | SG | 12 36.5 | +11 15 | 11.3 | 2.7 × 2.3 | 처녀 | 쌍둥이은하 |
| 4568 | | SG | 12 36.6 | +11 14 | 10.8 | 4.7 × 2.2 | 처녀 | 쌍둥이은하 |
| 4569 | M90 | SG | 12 36.8 | +13 10 | 9.5 | 10.5 × 4.4 | 처녀 | |
| 4579 | M58 | SG | 12 37.7 | +11 49 | 9.7 | 5.5 × 4.6 | 처녀 | |
| 4621 | M59 | EG | 12 42.0 | +11 39 | 9.6 | 4.6 × 3.6 | 처녀 | |
| 4594 | M104 | SG | 12 40.0 | −11 37 | 8.0 | 7.1 × 4.4 | 처녀 | 솜브레로은하 |
| 4638 | | SG | 12 42.8 | +11 26 | 11.2 | 2.9 × 2.0 | 처녀 | |
| 4639 | | SG | 12 42.9 | +13 15 | 11.5 | 2.9 × 2.0 | 처녀 | |
| 4647 | | SG | 12 43.5 | +11 35 | 11.3 | 2.7 × 2.2 | 처녀 | |
| 4649 | M60 | EG | 12 43.7 | +11 33 | 8.8 | 7.1 × 6.1 | 처녀 | |
| 4654 | | SG | 12 44.0 | +13 08 | 10.5 | 4.9 × 2.7 | 처녀 | |
| 4660 | | EG | 12 44.5 | +11 11 | 11.2 | 2.4 × 2.1 | 처녀 | |

# 멋진 관측 대상 NGC 100선

이 대상들은 필자가 지금까지 관측했던 대부분의 밝은 NGC 대상 중 중·소형 망원경으로 관측하기에 그럴싸하고 멋진 것들만 뽑은 것이다. 여기에는 메시에 목록에 포함되어 있는 대상들은 제외하고, NGC 대상 중 안시 관측하기에 적당한 대상들뿐만 아니라 유명한 대상들은 대부분 포함되어 있다.

NGC 대상이라는 것이 워낙 광범위하기 때문에 관측하는 망원경의 크기에 따라 그 느낌도 상당히 달라진다. 이 NGC 100선은 아마추어들이 통상적으로 성운, 성단을 관측할 때 가장 많이 쓰는 6~8인치 망원경을 기준으로 하였다. 6인치 정도라면 야외에서 여기에 소개한 모든 대상을 관측할 수 있을 것이다.

| NGC | 종류 | 영역번호 | 적경 | 적위 | 등급 | 시직경 | 기타 |
|---|---|---|---|---|---|---|---|
| 40 | PN | 3 | 0 13.0 | +72 32 | 10.7 | 0.6 | 천의 북극 주변에 위치한 멋진 대상 |
| 129 | OC | 3 | 0 29.9 | +60 14 | 6.5 | 21 | 가을 은하수 내의 멋진 대상 중 하나 |
| 253 | SG | 6 | 0 47.6 | -25 17 | 7.6 | 30 × 7 | 남천의 밝고 큰 은하 |
| 404 | SG | 4 | 1 09.4 | +35 43 | 10.3 | 6.1 | 안드로메다자리 베타성에서 6분 떨어짐 |
| 457 | OC | 3 | 1 19.1 | +58 20 | 6.4 | 13 | 올빼미성단 |
| 663 | OC | 7 | 1 46.0 | +61 15 | 7.1 | 16 | 가을 은하수 내의 멋진 대상 중 하나 |
| 752 | OC | 8 | 1 57.8 | +37 41 | 5.7 | 50 | 안드로메다자리의 대형 산개성단 |
| 869 | OC | 7 | 2 19.0 | +57 09 | 5.3 | 29 | 페르세우스자리 이중성단 |
| 884 | OC | 7 | 2 22.4 | +57 07 | 6.1 | 29 | 페르세우스자리 이중성단 |
| 891 | SG | 8 | 2 22.6 | +42 21 | 9.9 | 13 × 2.8 | 멋진 측면 은하 |
| 936 | SG | 9 | 2 27.6 | -01 09 | 10.2 | 5.7 × 4.6 | 고래자리의 비교적 밝은 대상 |
| 1023 | EG | 8 | 2 40.4 | +39 04 | 9.3 | 8.6 × 4.2 | 891과 쌍벽을 이루는 대상 |
| 1245 | OC | 11 | 3 14.7 | +47 15 | 8.4 | 10 | 가을 은하수 내의 멋진 대상 |
| 1491 | EN | 11 | 4 03.4 | +51 19 | - | 3 | 흥미로운 작은 성운 |
| 1502 | OC | 11 | 4 07.7 | +62 20 | 5.7 | 7 | 기린자리에 위치한 밝은 대상 |
| 1528 | OC | 11 | 4 15.4 | +51 14 | 6.4 | 23 | 1491 부근에 위치 |
| 1647 | OC | 16 | 4 46.0 | +19 04 | 6.4 | 45 | 히아데스 부근에 위치 |
| 1851 | GC | 18 | 5 14.1 | -40 03 | 7.2 | 11.0 | 겨울철 3대 구상성단의 하나 |
| 1931 | EN | 16 | 5 31.4 | +34 14 | 11.3 | 4 | 밝고 흥미로운 작은 성운 |
| 2024 | EN | 17 | 5 41.9 | -01 51 | - | 30 | 크리스마스트리성운 |
| 2071 | EN | 17 | 5 47.2 | +00 18 | - | 7 × 5 | M78 부근 |
| 2158 | OC | 20 | 6 07.5 | +24 06 | 8.6 | 5 | M35 옆 |
| 2169 | OC | 21 | 6 08.4 | +13 57 | 5.9 | 6 | 37자 모양 |
| 2243 | OC | 22 | 6 29.8 | -31 17 | 9.4 | 3 | 작고 특이한 대상 |
| 2261 | EN | 21 | 6 39.2 | +08 44 | - | 3.5 × 1.5 | 허블 변광성운, 외뿔소자리 R 포함 |
| 2281 | OC | 20 | 6 49.3 | +41 04 | 5.4 | 14 | 마차부자리 밝은 대상 |
| 2301 | OC | 21 | 6 51.8 | +00 28 | 6.0 | 12 | 겨울철 은하수 내의 멋진 대상 |
| 2354 | OC | 22 | 7 14.3 | -25 44 | 6.5 | 20 | 겨울철 은하수 내의 멋진 대상 |
| 2362 | OC | 22 | 7 18.8 | -24 57 | 4.1 | 8 | 큰개자리 타우성 포함 |
| 2392 | PN | 20 | 7 29.2 | +20 55 | 9.2 | 0.3 × 0.2 | 에스키모성운 |
| 2403 | SG | 23 | 7 36.9 | +65 36 | 8.5 | 25.5 × 13.0 | 기린자리의 밝은 대상 |
| 2419 | GC | 24 | 7 38.1 | +38 53 | 10.3 | 4.1 | 겨울철 구상성단 |
| 2420 | OC | 24 | 7 38.5 | +21 34 | 8.3 | 10 | 쌍둥이자리의 멋진 대상 |
| 2438 | PN | 25 | 7 41.8 | -14 44 | 10.1 | 1.1 | M46 내부에 위치 |
| 2451 | OC | 26 | 7 45.4 | -37 58 | 2.8 | 45 | 화려한 대상, 남천의 이중성단 |
| 2477 | OC | 26 | 7 52.3 | -38 33 | 5.8 | 27 | 화려한 대상, 남천의 이중성단 |
| 2655 | SG | 1 | 8 55.6 | +78 13 | 10.1 | 6.0 × 5.3 | 하늘의 북극에 가까운 대상 |
| 2683 | SG | 24 | 8 52.7 | +33 25 | 9.8 | 8.4 × 2.4 | 봄철의 대표적 은하 |
| 2841 | SG | 27 | 9 22.0 | +50 58 | 9.2 | 6.8 × 3.3 | 봄철의 멋진 은하 |
| 2903 | SG | 28 | 9 32.2 | +21 30 | 9.0 | 12.0 × 5.6 | 봄철의 대표적 은하 |
| 3115 | EG | 29 | 10 05.2 | -07 43 | 8.9 | 8.1 × 2.8 | 육분의자리 밝은 은하 |
| 3147 | SG | 27 | 10 16.9 | +73 24 | 10.6 | 4.3 × 3.7 | 하늘의 북극에 가까운 대상 |
| 3184 | SG | 28 | 10 18.3 | +41 25 | 9.8 | 7.8 × 7.2 | 큰곰자리 뮤성 부근 |
| 3242 | PN | 30 | 10 24.8 | -18 38 | 7.8 | 0.3 × 0.3 | 목성상성운 |
| 3521 | SG | 33 | 11 05.8 | -00 02 | 9.0 | 12.5 × 6.5 | 봄철의 밝은 은하 |
| 3628 | SG | 33 | 11 20.3 | +13 36 | 9.5 | 14 × 4.0 | M65, M66 부근 |
| 3877 | SG | 31 | 11 46.1 | +47 30 | 11.0 | 5.1 × 1.1 | 큰곰자리 치성에서 17분 떨어짐 |
| 3953 | SG | 31 | 11 53.8 | +52 20 | 10.1 | 6.0 × 3.2 | M109 부근 |

**분류**

- **OC** Open Cluster, 산개성단
- **GC** Globular Cluster, 구상성단
- **EN** Emission Nebula, 발광성운
- **DN** Dark Nebula, 암흑성운
- **PN** Planetary Nebula, 행성상성운
- **SG** Spiral Galaxy, 나선은하
- **EG** Elliptical Galaxy, 타원은하
- **IG** Irregular Galaxy, 불규칙은하

**자료 참조**
The Deep Sky Field Guide to Uranometria 2000.0
by Cragin, Lucyk, Pappaport

| NGC | 종류 | 영역번호 | 적경 | 적위 | 등급 | 시직경 | 기타 |
| --- | --- | --- | --- | --- | --- | --- | --- |
| 4361 | PN | 38 | 12 24.5 | −18 48 | 10.9 | 0.8 | 까마귀자리 내부 위치 |
| 4449 | IG | 36 | 12 28.2 | +44 06 | 9.6 | 5.5 × 4.1 | 특이 형상 은하 |
| 4490 | SG | 36 | 12 30.6 | +41 38 | 9.8 | 6.4 × 3.3 | 옆에 작은 은하 4485 위치 |
| 4559 | SG | 36 | 12 36.0 | +27 58 | 10.0 | 12.0 × 4.9 | 봄철의 밝은 은하 |
| 4565 | SG | 36 | 12 36.3 | +25 59 | 9.6 | 14.0 × 1.8 | 가장 멋진 측면은하 |
| 4567 | SG | 37 | 12 36.5 | +11 15 | 11.3 | 2.7 × 2.3 | 쌍둥이은하 |
| 4568 | SG | 37 | 12 36.6 | +11 14 | 10.8 | 4.7 × 2.2 | 쌍둥이은하 |
| 4631 | SG | 36 | 12 42.1 | +32 32 | 9.2 | 15.5 × 3.3 | 멋진 측면은하, 4627이 붙어 있음 |
| 4656 | SG | 36 | 12 44.0 | +32 10 | 10.5 | 20.0 × 2.9 | 4657 옆의 기이한 형태의 은하 |
| 4699 | SG | 37 | 12 49.0 | −08 40 | 9.5 | 4.4 × 3.2 | 봄철의 밝은 은하 |
| 4725 | SG | 36 | 12 50.4 | +25 30 | 9.4 | 11.0 × 8.3 | 봄철의 밝은 은하 |
| 5128 | SG | 38 | 13 25.5 | −43 01 | 6.7 | 31.0 × 23.0 | 센타우루스 A |
| 5139 | GC | 38 | 13 26.8 | −47 29 | 3.5 | 36.3 | 오메가 센타우리 |
| 5195 | IG | 35 | 13 30.0 | +47 16 | 9.6 | 6.4 × 4.6 | M51 옆 |
| 5253 | EG | 42 | 13 39.9 | −31 39 | 10.2 | 5.1 × 2.3 | 남천에 위치한 은하 |
| 5466 | GC | 40 | 14 05.5 | +28 32 | 9.0 | 11 | 봄철의 구상성단 |
| 5746 | SG | 41 | 14 44.9 | +01 57 | 10.3 | 6.8 × 1.0 | 밝은 측면은하 |
| 6144 | GC | 46 | 16 27.3 | −26 02 | 9.0 | 9.3 | 안타레스 부근 |
| 6210 | PN | 48 | 16 44.5 | +23 49 | 8.8 | 0.2 × 0.2 | 헤르쿨레스자리 H 내부 위치 |
| 6229 | GC | 47 | 16 47.0 | +47 32 | 9.4 | 4.5 | 헤르쿨레스자리 북쪽 위치 |
| 6231 | OC | 50 | 16 54.0 | −41 48 | 2.6 | 14 | 전갈자리 제타성 포함 |
| 6293 | GC | 50 | 17 10.2 | −26 35 | 8.2 | 7.9 | M19 부근 |
| 6304 | GC | 50 | 17 14.5 | −29 28 | 8.4 | 6.8 | 여름철 구상성단 |
| 6356 | GC | 50 | 17 23.6 | −17 49 | 8.2 | 7.2 | M9 부근 |
| 6441 | GC | 50 | 17 50.2 | −37 03 | 7.2 | 7.8 | 전갈자리 G 옆 |
| 6520 | OC | 54 | 18 03.4 | −27 54 | 7.6 | 6 | 암흑운 B86 포함 |
| 6522 | GC | 54 | 18 03.6 | −30 02 | 8.4 | 5.6 | 6528과 쌍둥이성단 |
| 6528 | GC | 54 | 18 04.8 | −30 03 | 9.5 | 3.7 | 6522와 쌍둥이성단 |
| 6541 | GC | 54 | 18 08.0 | −43 42 | 6.1 | 13.1 | 남천 구상성단 |
| 6543 | PN | 47 | 17 58.6 | +66 38 | 8.1 | 0.4 × 0.3 | 천의 북극 주변 위치한 멋진 대상 |
| 6569 | GC | 54 | 18 13.6 | −31 50 | 8.7 | 5.8 | 은하수 중심 부근 구상성단 |
| 6572 | PN | 53 | 18 12.1 | +06 51 | 8.1 | 0.1 | 뱀주인자리 행성상성운 |
| 6624 | GC | 54 | 18 23.7 | −30 22 | 8.0 | 5.9 | 궁수자리 델타성 옆 |
| 6712 | GC | 53 | 18 53.1 | −08 42 | 8.2 | 7.2 | 방패자리 구상성단 |
| 6723 | GC | 54 | 18 59.6 | −36 38 | 7.3 | 11.0 | 남천의 구상성단 |
| 6818 | PN | 57 | 19 44.0 | −14 09 | 9.3 | 0.3 | 6822 위쪽 |
| 6819 | OC | 56 | 19 41.3 | +40 11 | 7.3 | 9.5 | 밀집된 작은 성단 |
| 6826 | PN | 55 | 19 44.8 | +50 31 | 8.8 | 0.5 × 0.4 | 깜박이는 행성상성운 |
| 6910 | OC | 56 | 20 23.1 | +40 47 | 7.4 | 7 | 백조자리 감마성 부근 Y 성단 |
| 6934 | GC | 57 | 20 34.2 | +07 24 | 8.7 | 5.9 | 돌고래자리 구상성단 |
| 6939 | OC | 55 | 20 31.4 | +60 38 | 7.8 | 7 | 은하 6946 옆 |
| 6940 | OC | 56 | 20 34.6 | +28 18 | 6.3 | 31 | 여름철 산개성단 |
| 6960 | EN | 56 | 20 45.7 | +30 43 | − | 70 × 6 | 베일성운, 52번성 옆 |
| 6992 | EN | 56 | 20 56.4 | +31 43 | − | 60 × 8 | 베일성운 |
| 7009 | PN | 61 | 21 04.2 | −11 22 | 8.3 | 0.4 | 토성상성운 |
| 7128 | OC | 59 | 21 44.0 | +53 43 | 9.7 | 3.1 | 여름철 산개성단 |
| 7293 | PN | 62 | 22 29.6 | −20 48 | 7.3 | 15 × 12 | 이중나선 행성상성운 |
| 7331 | SG | 64 | 22 37.1 | +34 25 | 9.5 | 10.5 × 3.7 | 스테판오중주 부근 |
| 7510 | OC | 63 | 23 11.5 | +60 34 | 7.9 | 4 | 작고 밀집된 성단 |
| 7635 | EN | 63 | 23 20.7 | +61 12 | − | 15 × 8 | 버블성운 |
| 7662 | PN | 64 | 23 25.9 | +42 33 | 8.3 | 0.3 × 0.2 | 안드로메다자리 행성상성운 |
| 7789 | OC | 63 | 23 57.0 | +56 44 | 6.7 | 15 | 가장 멋진 밀집된 성단 |

# 찾아보기

\# 찾아보기에서 숫자는 페이지가 아닌 '영역 번호'임에 유의하시오!

## 별자리

| 별자리 | 영역 번호 |
|---|---|
| 거문고 | 52 |
| 게 | 24 |
| 고래 | 05, 06, 09 |
| 고물 | 26 |
| 궁수 | 54, 58 |
| 기린 | 01, 11, 15 |
| 까마귀 | 38 |
| 나침반 | 26, 30 |
| 남쪽물고기 | 62, 66 |
| 남쪽왕관 | 54 |
| 도마뱀 | 59 |
| 독수리 | 53, 57 |
| 돌고래 | 56, 57 |
| 마차부 | 15, 16, 20 |
| 머리털 | 36 |
| 목동 | 40, 41, 44 |
| 물고기 | 05, 65 |
| 물병 | 61, 65, 66 |
| 바다뱀 | 25, 29, 34, 38, 42 |
| 방패 | 53, 54 |
| 백조 | 55, 56, 59, 60 |
| 뱀(머리) | 44, 45 |
| 뱀(꼬리) | 53 |
| 뱀주인 | 45, 49 |
| 북쪽왕관 | 44 |
| 비둘기 | 18 |
| 사냥개 | 36 |
| 사자 | 28, 32, 33 |
| 살쾡이 | 19, 23, 28 |
| 삼각형 | 08 |
| 세페우스 | 02, 55, 59, 63 |
| 센타우루스 | 38, 42 |
| 쌍둥이 | 20, 24 |
| 안드로메다 | 04 |
| 양 | 08 |
| 에리다누스강 | 13, 14, 17, 18 |
| 염소 | 58, 61, 62 |
| 오리온 | 17, 21 |
| 외뿔소 | 21, 25 |
| 용 | 02, 39, 43, 47, 51, 55 |
| 육분의 | 29 |
| 작은개 | 21, 25 |
| 작은곰 | 01, 02, 39, 43 |
| 작은사자 | 28, 32 |
| 전갈 | 46, 50 |
| 조각구 | 06, 66 |
| 처녀 | 37, 41 |
| 천칭 | 42, 45, 46 |
| 카시오페이아 | 03, 07, 63 |
| 컵 | 33, 34 |
| 큰개 | 21, 22 |
| 큰곰 | 23, 27, 31, 32, 35, 39 |
| 토끼 | 18 |
| 펌프 | 30 |
| 페가수스 | 60, 61, 64, 65 |
| 페르세우스 | 03, 07, 11, 12 |
| 헤르쿨레스 | 44, 48 |
| 현미경 | 62 |
| 화로 | 10, 14 |
| 화살 | 56 |
| 황소 | 12, 13, 16 |

## 메시에

| 대상 천체 | 영역 번호 |
|---|---|
| M1 (게성운) | 16 |
| M2 | 61 |
| M3 | 36, 40 |
| M4 | 46, 50 |
| M5 | 45 |
| M6 | 50, 54 |
| M7 | 50, 54 |
| M8 (석호성운) | 50, 54 |
| M9 | 50 |
| M10 | 49 |
| M11 | 53 |
| M12 | 49 |
| M13 | 44, 48 |
| M14 | 49 |
| M15 | 61 |
| M16 (독수리성운) | 53, 54 |
| M17 (오메가성운) | 53, 54 |
| M18 | 53, 54 |
| M19 | 50 |
| M20 (삼렬성운) | 50, 54 |
| M21 | 50, 54 |
| M22 | 54 |
| M23 | 50, 54 |
| M24 | 54 |
| M25 | 54 |
| M26 | 53 |
| M27 (아령성운) | 56 |
| M28 | 54 |
| M29 | 56 |
| M30 | 62 |
| M31 (안드로메다은하) | 04 |
| M32 | 04 |
| M33 | 04, 08 |
| M34 | 07, 08 |
| M34 | 11, 12 |
| M35 | 16, 20 |
| M36 | 20 |
| M36 | 16 |
| M37 | 16, 20 |
| M38 | 16 |
| M39 | 55, 59, 60 |
| M41 | 22 |
| M42 (오리온대성운) | 17 |
| M43 | 17 |
| M44 (프레세페성단) | 24 |
| M45 (플레이아데스성단) | 12 |
| M46 | 21, 22, 25, 26 |
| M47 | 21, 22, 25, 26 |

| 대상 천체 | 영역 번호 |
|---|---|
| M48 | 25 |
| M49 | 37 |
| M50 | 21 |
| M51 | 35, 36, 39 |
| M52 | 63 |
| M53 | 36 |
| M54 | 54 |
| M55 | 54, 58 |
| M56 | 52, 56 |
| M57 (고리성운) | 52 |
| M58 | 37, 67 |
| M59 | 37, 67 |
| M60 | 37, 67 |
| M61 | 37 |
| M62 | 50 |
| M63 | 36 |
| M64 | 36 |
| M65 | 32, 33 |
| M66 | 32, 33 |
| M67 | 24, 25, 29 |
| M68 | 38 |
| M69 | 54 |
| M70 | 54 |
| M71 | 56 |
| M72 | 57, 61 |
| M73 | 57, 61 |
| M74 | 04, 08 |
| M75 | 58 |
| M76 | 03, 07 |
| M77 | 09 |
| M78 | 17 |
| M79 | 18 |
| M80 | 46 |
| M81 | 23, 27, 31, 35 |
| M82 | 23, 27, 31, 35 |
| M83 | 38, 42 |
| M84 | 36, 37, 67 |
| M85 | 36, 37 |
| M86 | 36, 37, 67 |
| M87 | 36, 37, 67 |
| M88 | 36, 37, 67 |
| M89 | 37, 67 |
| M90 | 36, 37, 67 |
| M91 | 36, 37, 67 |
| M92 | 48 |
| M93 | 22, 26 |
| M94 | 36 |
| M95 | 33 |
| M96 | 33 |
| M97 (올빼미성운) | 31, 35 |
| M98 | 36, 37 |
| M99 | 36, 37 |
| M100 | 36, 37 |
| M101 | 35, 39, 43 |
| M102 | 43 |
| M103 | 03, 07 |
| M104 (솜브레로은하) | 37 |

| 메시에 | |
|---|---|
| 대상 천체 | 영역 번호 |
| M105 | 33 |
| M106 | 31, 32, 35, 36 |
| M107 | 45, 49 |
| M108 | 31, 35 |
| M109 | 31, 35 |
| M110 | 04 |

| NGC | | | |
|---|---|---|---|
| 대상 천체 | 영역 번호 | 대상 천체 | 영역 번호 |
| NGC1 | 04 | NGC1398 | 14 |
| NGC23 | 04 | NGC1400 | 14 |
| NGC40 | 03 | NGC1407 | 14 |
| NGC55 | 06 | NGC1491 | 11, 15 |
| NGC103 | 03 | NGC1499 | 12 |
| NGC129 | 03 | NGC1501 | 11 |
| NGC133 | 03 | NGC1502 | 11 |
| NGC136 | 03 | NGC1513 | 11, 15 |
| NGC146 | 03 | NGC1514 | 12 |
| NGC147 | 03 | NGC1528 | 11, 15 |
| NGC185 | 03, 04 | NGC1535 | 13 |
| NGC188 | 01 | NGC1545 | 11, 15 |
| NGC189 | 03 | NGC1579 | 12 |
| NGC206 | 04 | NGC1582 | 11, 12, 15, 16 |
| NGC225 | 03, 07 | NGC1624 | 15 |
| NGC246 | 05 | NGC1647 | 16 |
| NGC247 | 06 | NGC1662 | 17 |
| NGC253 | 06 | NGC1664 | 11, 12, 15, 16 |
| NGC281 | 03, 07 | NGC1746 | 16 |
| NGC288 | 06 | NGC1792 | 18 |
| NGC300 | 06 | NGC1807 | 16 |
| NGC381 | 03 | NGC1817 | 16 |
| NGC404 | 04 | NGC1851 | 18 |
| NGC436 | 03 | NGC1883 | 15 |
| NGC457 | 03, 07 | NGC1893 | 16 |
| NGC520 | 05 | NGC1907 | 16 |
| NGC559 | 03 | NGC1931 | 16 |
| NGC584 | 05 | NGC1964 | 18 |
| NGC613 | 10 | NGC1977 | 17 |
| NGC637 | 03, 07 | NGC1981 | 17 |
| NGC654 | 07 | NGC2022 | 17 |
| NGC659 | 03, 07 | NGC2024 | 17 |
| NGC663 | 03, 07 | NGC2071 | 17 |
| NGC720 | 09 | NGC2112 | 17 |
| NGC744 | 03 | NGC2126 | 19 |
| NGC752 | 08 | NGC2129 | 20 |
| NGC772 | 08 | NGC2158 | 16, 20 |
| NGC869 (페르세우스 이중성단) | 03, 07, 11 | NGC2169 | 20, 21 |
| | | NGC2174 | 16, 20 |
| NGC884 (페르세우스 이중성단) | 03, 07, 11 | NGC2175 | 16, 20 |
| | | NGC2194 | 20, 21 |
| NGC891 | 08 | NGC2215 | 21 |
| NGC896 | 07, 11 | NGC2232 | 21 |
| NGC908 | 10 | NGC2237 | 21 |
| NGC936 | 09 | NGC2243 | 22 |
| NGC1023 | 08 | NGC2244 | 21 |
| NGC1027 | 07, 11 | NGC2251 | 21 |
| NGC1055 | 09 | NGC2252 | 21 |
| NGC1084 | 09 | NGC2254 | 21 |
| NGC1097 | 10, 14 | NGC2261 | 21 |
| NGC1156 | 08 | NGC2264 | 21 |
| NGC1232 | 14 | NGC2266 | 20 |
| NGC1245 | 07, 11, 12 | NGC2281 | 20 |
| NGC1300 | 14 | NGC2286 | 21 |
| NGC1316 | 14 | NGC2298 | 22 |
| NGC1332 | 14 | NGC2301 | 21 |
| NGC1333 | 12 | NGC2324 | 21 |
| NGC1342 | 12 | NGC2327 | 21 |
| NGC1360 | 14 | NGC2331 | 20 |

**NGC**

| 대상 천체 | 영역 번호 | 대상 천체 | 영역 번호 | 대상 천체 | 영역 번호 |
|---|---|---|---|---|---|
| NGC2335 | 21 | NGC3147 | 27 | NGC4395 | 36 |
| NGC2345 | 21 | NGC3184 | 28 | NGC4402 | 67 |
| NGC2353 | 21 | NGC3226 | 28 | NGC4413 | 67 |
| NGC2354 | 22 | NGC3227 | 28 | NGC4414 | 36 |
| NGC2355 | 20, 21 | NGC3242 | 30 | NGC4425 | 67 |
| NGC2359 | 21, 22 | NGC3310 | 31 | NGC4429 | 67 |
| NGC2360 | 21, 22, 26 | NGC3344 | 32 | NGC4431 | 67 |
| NGC2362 | 22 | NGC3359 | 31 | NGC4435 | 67 |
| NGC2374 | 21, 22 | NGC3377 | 33 | NGC4436 | 67 |
| NGC2392 | 20, 24 | NGC3384 | 33 | NGC4438 | 67 |
| (에스키모성운) | | NGC3389 | 33 | NGC4440 | 67 |
| NGC2395 | 20, 21 | NGC3412 | 33 | NGC4442 | 37 |
| NGC2403 | 23 | NGC3432 | 32 | NGC4446 | 67 |
| NGC2415 | 24 | NGC3489 | 33 | NGC4447 | 67 |
| NGC2419 | 24 | NGC3504 | 32 | NGC4449 | 36 |
| NGC2420 | 20, 24 | NGC3521 | 33 | NGC4450 | 36 |
| NGC2421 | 22, 26 | NGC3607 | 32 | NGC4452 | 67 |
| NGC2423 | 21, 22, 25, 26 | NGC3621 | 34 | NGC4458 | 67 |
| NGC2432 | 26 | NGC3626 | 32 | NGC4459 | 67 |
| NGC2438 | 22, 25, 26 | NGC3628 | 31, 33 | NGC4461 | 67 |
| NGC2439 | 22, 26 | NGC3640 | 33 | NGC4468 | 67 |
| NGC2440 | 26 | NGC3675 | 31, 32 | NGC4473 | 67 |
| NGC2451 | 22, 26 | NGC3726 | 31 | NGC4474 | 67 |
| NGC2455 | 26 | NGC3810 | 33 | NGC4476 | 67 |
| NGC2467 | 26 | NGC3877 | 31 | NGC4477 | 67 |
| NGC2477 | 22, 26 | NGC3917 | 31 | NGC4478 | 67 |
| NGC2479 | 26 | NGC3938 | 31 | NGC4479 | 67 |
| NGC2482 | 26 | NGC3941 | 32 | NGC4482 | 67 |
| NGC2483 | 26 | NGC3953 | 31 | NGC4490 | 32, 36 |
| NGC2489 | 26 | NGC4026 | 31 | NGC4491 | 67 |
| NGC2506 | 25, 26 | NGC4036 | 35 | NGC4494 | 36 |
| NGC2509 | 26 | NGC4038 | 38 | NGC4497 | 67 |
| NGC2527 | 26 | NGC4051 | 31, 36 | NGC4503 | 67 |
| NGC2537 | 23 | NGC4088 | 31, 35 | NGC4506 | 67 |
| NGC2539 | 25, 26 | NGC4096 | 31 | NGC4516 | 67 |
| NGC2546 | 26 | NGC4100 | 31, 35 | NGC4517 | 37 |
| NGC2567 | 26 | NGC4111 | 36 | NGC4526 | 37 |
| NGC2571 | 26 | NGC4125 | 35 | NGC4527 | 37 |
| NGC2580 | 26 | NGC4144 | 31 | NGC4528 | 67 |
| NGC2587 | 26 | NGC4147 | 36 | NGC4531 | 67 |
| NGC2613 | 26 | NGC4157 | 31, 35 | NGC4535 | 37 |
| NGC2627 | 26 | NGC4214 | 36 | NGC4536 | 37 |
| NGC2655 | 01 | NGC4216 | 36 | NGC4546 | 37 |
| NGC2658 | 26 | NGC4236 | 31, 35, 39 | NGC4550 | 67 |
| NGC2681 | 23 | NGC4244 | 32, 36 | NGC4551 | 67 |
| NGC2683 | 24 | NGC4261 | 37 | NGC4559 | 36 |
| NGC2768 | 27 | NGC4274 | 36 | NGC4564 | 67 |
| NGC2775 | 29 | NGC4278 | 36 | NGC4565 | 36 |
| NGC2787 | 27 | NGC4305 | 67 | NGC4567 | 67 |
| NGC2841 | 27 | NGC4306 | 67 | NGC4568 | 67 |
| NGC2859 | 28 | NGC4313 | 67 | NGC4571 | 67 |
| NGC2903 | 28 | NGC4314 | 36 | NGC4584 | 67 |
| NGC2950 | 27 | NGC4330 | 67 | NGC4589 | 35 |
| NGC2976 | 27, 31 | NGC4351 | 67 | NGC4605 | 35 |
| NGC2985 | 27 | NGC4352 | 67 | NGC4606 | 67 |
| NGC2997 | 30 | NGC4361 | 38 | NGC4607 | 67 |
| NGC3077 | 27, 31 | NGC4371 | 67 | NGC4620 | 67 |
| NGC3079 | 27 | NGC4387 | 67 | NGC4627 | 36 |
| NGC3115 | 29 | NGC4388 | 67 | NGC4631 | 36 |

**NGC**

| 대상 천체 | 영역 번호 | 대상 천체 | 영역 번호 | 대상 천체 | 영역 번호 |
|---|---|---|---|---|---|
| NGC4633 | 67 | NGC6416 | 50 | NGC6834 | 56 |
| NGC4634 | 67 | NGC6425 | 50 | NGC6866 | 56 |
| NGC4636 | 37 | NGC6426 | 49 | NGC6871 | 56 |
| NGC4638 | 67 | NGC6440 | 50 | NGC6882 | 56 |
| NGC4639 | 36, 67 | NGC6441 | 50 | NGC6885 | 56 |
| NGC4643 | 37 | NGC6453 | 50 | NGC6888 | 56 |
| NGC4647 | 67 | NGC6469 | 50 | NGC6891 | 57 |
| NGC4654 | 36, 67 | NGC6503 | 47, 51 | NGC6910 | 56 |
| NGC4656 | 36 | NGC6517 | 49, 53 | NGC6934 | 57 |
| NGC4659 | 36 | NGC6520 | 54 | NGC6939 | 55 |
| NGC4689 | 36 | NGC6522 | 54 | NGC6940 | 56 |
| NGC4697 | 37 | NGC6528 | 54 | NGC6946 | 55 |
| NGC4699 | 37 | NGC6535 | 53 | NGC6960 | 56, 60 |
| NGC4725 | 36 | NGC6539 | 49 | NGC6992 | 56, 60 |
| NGC4754 | 37 | NGC6541 | 54 | NGC6995 | 56, 60 |
| NGC4762 | 37 | NGC6543 | 47, 51 | NGC6996 | 56, 59, 60 |
| NGC5005 | 36 | NGC6544 | 54 | NGC7000 | 55, 56, 59, 60 |
| NGC5033 | 36 | NGC6546 | 54 | (북아메리카성운) | |
| NGC5053 | 36 | NGC6553 | 54 | NGC7006 | 56 |
| NGC5253 | 42 | NGC6558 | 54 | NGC7009 | 57, 61 |
| NGC5322 | 39 | NGC6563 | 54 | NGC7023 | 59 |
| NGC5363 | 41 | NGC6567 | 54 | NGC7027 | 60 |
| NGC5364 | 41 | NGC6568 | 54 | NGC7039 | 56, 59, 60 |
| NGC5466 | 40 | NGC6569 | 54 | NGC7048 | 59, 60 |
| NGC5566 | 41 | NGC6572 | 53 | NGC7062 | 59, 60 |
| NGC5634 | 41 | NGC6589 | 54 | NGC7063 | 56 |
| NGC5694 | 42 | NGC6590 | 54 | NGC7082 | 55, 59, 60 |
| NGC5746 | 41 | NGC6596 | 53 | NGC7086 | 59 |
| NGC5824 | 46 | NGC6604 | 53, 54 | NGC7127 | 59 |
| NGC5846 | 45 | NGC6624 | 54 | NGC7128 | 59 |
| NGC5897 | 46 | NGC6629 | 54 | NGC7129 | 59 |
| NGC5907 | 43 | NGC6633 | 53 | NGC7133 | 59 |
| NGC5982 | 43 | NGC6638 | 54 | NGC7209 | 59, 60 |
| NGC5985 | 43 | NGC6645 | 53, 54 | NGC7217 | 60 |
| NGC5986 | 46 | NGC6649 | 53 | NGC7243 | 59 |
| NGC6124 | 46, 50 | NGC6652 | 54 | NGC7245 | 59 |
| NGC6139 | 46 | NGC6664 | 53 | NGC7261 | 59, 63 |
| NGC6144 | 46, 50 | NGC6704 | 53 | NGC7293 | 62, 66 |
| NGC6207 | 44, 48 | NGC6709 | 53 | NGC7296 | 59 |
| NGC6210 | 48 | NGC6712 | 53 | NGC7331 | 64 |
| NGC6229 | 47 | NGC6716 | 54 | NGC7380 | 63 |
| NGC6231 | 50 | NGC6723 | 54 | NGC7448 | 64 |
| NGC6235 | 50 | NGC6726 | 54 | NGC7479 | 65 |
| NGC6242 | 46, 50 | NGC6738 | 53 | NGC7492 | 66 |
| NGC6281 | 50 | NGC6755 | 53 | NGC7510 | 63 |
| NGC6284 | 50 | NGC6756 | 53 | NGC7538 | 63 |
| NGC6287 | 50 | NGC6760 | 53 | NGC7635 | 63 |
| NGC6293 | 50 | NGC6791 | 52 | NGC7640 | 64 |
| NGC6302 | 50 | NGC6793 | 56 | NGC7662 | 64 |
| (벅성운) | | NGC6800 | 56 | NGC7721 | 65 |
| NGC6304 | 50 | NGC6811 | 55, 56 | NGC7762 | 63 |
| NGC6316 | 50 | NGC6815 | 56 | NGC7788 | 63 |
| NGC6325 | 50 | NGC6818 | 57, 58 | NGC7789 | 03, 63 |
| NGC6334 | 50 | NGC6819 | 56 | NGC7790 | 03, 63 |
| NGC6342 | 50 | NGC6820 | 56 | NGC7793 | 66 |
| NGC6355 | 50 | NGC6822 | 57 | | |
| NGC6356 | 50 | NGC6822 | 56, 58 | | |
| NGC6357 | 50 | NGC6826 | 55 | | |
| NGC6366 | 49 | NGC6830 | 56 | | |

## IC 천체

| 대상 천체 | 영역 번호 |
| --- | --- |
| IC361 | 11 |
| IC405 | 16 |
| IC410 | 16 |
| IC434 | 17 |
| IC443 | 20 |
| IC1276 | 53 |
| IC1287 | 53 |
| IC1318 | 56 |
| IC1396 | 55, 59, 63 |
| IC1434 | 59 |
| IC1470 | 63 |
| IC1805 | 07, 11 |
| IC1848 | 07, 11 |
| IC2157 | 16, 20 |
| IC2177 | 21 |
| IC2574 | 31 |
| IC3476 | 67 |
| IC4592 | 46 |
| IC4601 | 46 |
| IC4628 | 46 |
| IC4665 | 49, 53 |
| IC4756 | 53 |
| IC4996 | 56 |
| IC5067 | 56, 59, 60 |
| IC5146 (코쿤성운) | 59, 60 |
| Cr89 | 20 |
| Cr106 | 21 |
| Cr140 | 22 |
| Cr316 | 46 |
| Cr338 | 50 |
| Cr350 | 49 |
| Cr399 (브로치성단) | 52, 56 |
| Cr428 | 56 |
| Cr463 | 03 |
| K14 | 03 |
| Mel111 | 36 |
| Mel15 | 07, 11 |
| Mel25 | 12 |
| Mel71 | 21, 25, 26 |
| Ced214 | 03 |
| Sh2-112 | 56 |
| St1 | 56 |
| St2 | 07 |
| St4 | 03 |
| St10 | 20 |
| St23 | 07, 11 |
| Tr2 | 07 |
| Tr24 | 50 |

## 밝은 별, 기타

| 대상 천체 | 영역 번호 |
| --- | --- |
| 게성운 (M1) | 16 |
| 견우성 (알타이르) | 57 |
| 고리성운 (M57) | 52 |
| 데네볼라 | 32, 33 |
| 데네브 | 55, 56, 59, 60 |
| 독수리성운 (M16) | 53, 54 |
| 레굴루스 | 28 |
| 리겔 | 17 |
| 말머리성운 | 17 |
| 메로페성운 | 12 |
| 미라 | 09 |
| 미자르 | 35, 39 |
| 버나드루프 | 17, 21 |
| 벅성운 (NGC6302) | 50 |
| 베가(직녀성) | 52 |
| 베일성운 | 56, 60 |
| 베텔게우스 | 17, 21 |
| 북극성 | 01, 02 |
| 북두칠성 | 35, 39 |
| 북아메리카성운 (NGC7000) | 55, 56, 59, 60 |
| 브로치성단 (Cr399) | 52, 56 |
| 삼렬성운 (M20) | 50, 54 |
| 석호성운 (M8) | 50, 54 |
| 솜브레로은하 (M104) | 37 |
| 스피카 | 37, 41 |
| 시리우스 | 21, 22 |
| 아령성운 (M27) | 56 |
| 아크투루스 | 40, 41 |
| 안드로메다은하 (M31) | 04 |
| 안타레스 | 46, 50 |
| 알골 | 12 |
| 알데바란 | 12, 13, 16, 17 |
| 알비레오 | 52, 56 |
| 알타이르 (견우성) | 57 |
| 에스키모성운 (NGC2392) | 20, 24 |
| 오리온대성운 (M42) | 17 |
| 오메가성운 (M17) | 53, 54 |
| 올빼미성운 (M97) | 31, 35 |
| 장미성운 (NGC2237) | 21 |

| 대상 천체 | 영역 번호 |
| --- | --- |
| 카스토르 | 20, 24 |
| 카펠라 | 15, 16 |
| 캘리포니아성운 (NGC1499) | 12 |
| 코쿤성운 (IC5146) | 59, 60 |
| 콘성운 (NGC2264) | 21 |
| 페르세우스 이중성단 (NGC869/884) | 03, 07, 11 |
| 펠리칸성운 | 55, 56, 59, 60 |
| 포말하우트 | 66 |
| 폴룩스 | 20, 24 |
| 프레세페성단 (M44) | 24 |
| 프로키온 | 21, 25 |
| 플레이아데스성단 (M45) | 12 |
| 히아데스성단 | 12, 13, 16 |

조상호

과학 저술가이자 천체 사진가이다. 서울 대학교 기계 공학과를 졸업하고 동 대학 기계 항공 공학부 대학원에서 공학 박사 학위를 받았다. 《과학 동아》, 《과학 소년》, 《별과 우주》 등 국내 각종 과학 잡지 및 신문 등에 과학과 관련한 다양한 사진과 칼럼, 기사를 게재하였으며, 외국 천문 잡지 및 한국 천문 연구원 주최 천체 사진 공모전에서 두 차례 대상을 차지한 바 있다.

현재 서울 산업 대학교와 성공회 대학교 외래 교수이다. 저서로는 『아빠, 천체 관측 떠나요!』, 『별을 보는 사람들』, 『조상호의 천체 사진 길라잡이』, 『물리를 아는 순간』, 『별 이야기』 등이 있다.

1판 1쇄 펴냄
2008년 7월 25일

1판 6쇄 펴냄
2022년 12월 31일

지은이
조상호

펴낸이
박상준

펴낸곳
(주)사이언스북스

출판등록
1997. 3. 24. (제16-1444호)

(06027)
서울특별시 강남구 도산대로1길 62

대표전화
515-2000
515-2007 (팩시밀리)

편집부
517-4263
514-2329 (팩시밀리)

www.sciencebooks.co.kr

ⓒ 조상호, 2008.
Printed in Seoul, Korea.

ISBN
978-89-8371-226-4
03440